告别过去、拥抱美丽新生的蝶变之旅 II

一辈子当公主

〔韩〕阿内斯·安（Aness An） ◎著
〔韩〕崔淑喜 ◎绘
千太阳 ◎译

重庆出版集团 重庆出版社

프린세스 마법의 주문 Princess Magic Therapy
Written by 아네스 안 Aness An
Copyright © 2006 by 아네스 안 Aness An
Original Korean edition is published by Wisdomhouse Publishing Co., Ltd
Simplified Chinese edition is published by arrangement with Wisdomhouse Publishing Co., Ltd
through Eric Yang Agency Inc.
Simplified Chinese edition copyright © 2013 by **Grand China Publishing House**
All rights reserved.

No part of this book may be used or reproduced in any manner whatever without written permission
except in the case of brief quotations embodied in critical articles or reviews.

版贸核渝字(2013)第 182 号

图书在版编目（CIP）数据

一辈子当公主 II /〔韩〕安著；千太阳译 . - 重庆：重庆出版社，2013.5
ISBN 978-7-229-05031-3

Ⅰ.① 一⋯ Ⅱ.① 安⋯ ① 千⋯ Ⅲ.① 女性-成功心理-通俗读物 Ⅳ.① B848.4-49

中国版本图书馆 CIP 数据核字(2013)第 097989 号

一辈子当公主 II
YIBEIZI DANG GONGZHU II

〔韩〕阿内斯·安　著
〔韩〕崔淑喜　绘
　　千太阳　译

出 版 人：罗小卫
策　　划：中资海派·重庆出版集团科韵文化传播有限公司
执行策划：黄 河　桂 林
责任编辑：朱小玉
特约编辑：戴圆圆
责任校对：何建云
版式设计：王　芳
封面设计：张　英

重庆出版集团
重庆出版社　出版

重庆长江二路 205 号　邮箱：400016　http://www.cqph.com

深圳彩美印刷有限公司制版印刷
重庆出版集团图书发行有限公司发行
邮购电话：023-68809452
E-mail：fxchu@cqph.com
全国新华书店经销

开本：787mm×1092mm　1/32　印张：13　字数：191 千
2013 年 8 月第 1 版　2013 年 8 月第 1 次印刷
定价：35.00 元

如有印装质量问题，请致电：023-68706683

本书中文简体字版通过 **Grand China Publishing House**（中资出版社）授权重庆出版社在中国内地出版
并独家发行。未经出版者书面许可，本书的任何部分不得以任何方式抄袭、节录或翻印。
版权所有，侵权必究。

Noblesse Princess!
It's time to hit the road!

首先,让我们一起来默念咒语:
是的,变身的时刻已经到来了!
我一定会实现梦想!
我一定会变得无比幸福!
我一定会克服重重困难,
踏上充满希望的坦途!
我一定会找到生命中的爱人!
我一定会提高自己的价值,
成为一名散发耀眼光芒的公主!
好了,魔法即将正式展现,
让我们踏上通往魔法的神奇之旅吧!

目录 Contents

PROLOGUE　像公主一样，活出闪亮的人生　/ 8

Chapter 1
蝶变·践行梦想

Dream　守护梦想，我终将如愿以偿　/ 15
Attraction　相信自己的魅力，逆流而上　/ 25
Be Yourself　坚持自己的步调　/ 35
Braveness　勇于改变，梦想照进现实　/ 45
Chance　抓住生命中每一个宝贵的机会　/ 55
Miracle　在有限的时间王国里创造奇迹　/ 63
Power　行动是最有力的语言　/ 73
Excellence　优秀，是一种选择　/ 85
Intelligence　智慧是最有价值的投资　/ 95

Chapter II

蝶变·幸福路上

Happiness 幸福就在你我身边 / 107
Optimism 乐观创造幸运 / 115
Humility 谦卑的力量 / 125
Contribution 从内心深处散发幽香 / 133
Now 珍惜人生的每一个"现在" / 143
Freedom 自由的国度,要靠自己创造 / 153
Choice 选择时学会放弃 / 163

Chapter III

蝶变·心灵疗愈

No Worries 从无谓的担心中解脱出来 / 173
Blessings in Disguise 苦难是伪装的祝福 / 183
Transformation 经历过严冬的蛹,才能蜕变成美丽的蝶 / 193
Patience 遇到再大挫折也不放弃 / 201
Healing 遇见内心强大的自己 / 209

Chapter IV

蝶变·情感联结

Positive Energy 在纷繁的人际中传递正能量 / 219
Compliment 不要吝惜你的称赞 / 229
Family 常伴父母左右 / 237
Relationship 用真心对待周围的人 / 245
Separation 走自己的路,不为别人左右 / 255
Friendship 朋友是上苍最珍贵的赐予 / 263
Love 爱是一种信仰 / 271

Chapter V

蝶变·修炼自我

Read 每月至少阅读两本书 / 281
Study 积极挑战，学习新事物 / 291
Mentor 寻找人生路上的灯塔 / 299
Experience 在生活的课堂中收获感动 / 307
Passion 追随你的激情 / 315
English 说一口流利的英语 / 325
Travel 背包旅行，世界在你心中 / 341
Time 珍惜生命中的每分每秒 / 349
Money 积累资本，引领富足生活 / 357
Beauty 美丽需要用心经营 / 367
Career 用热情奔放的心态拥抱本职工作 / 377
Keep Promise 诚实守信，遵守与他人的约定 / 387

Wisdom Card 公主的魔法智慧卡 / 396

 **像公主一样，活出闪亮的人生**

也许是冥冥中有一种力量，我打心眼里对"香奈儿"充满了好感。有人或许会误以为我是一个地地道道的名牌追星族，但事实并非如此。更准确地说，我所喜欢的是嘉伯丽·香奈儿这位值得人们尊重的品牌创始人，我对她的喜爱远胜于对"香奈儿"这一品牌的商品。

嘉伯丽·香奈儿既不是社会运动家，也不是政治家。可是，她却改变了我们女性的人生。喜欢看欧洲宫廷戏的人都知道，以前的女人只能穿着那种让人喘不过气来的紧束装，还要戴夸张的宽檐帽，这对于男人来说或许赏心悦目，但对于女人来说却无异于遭受酷刑。正是这位可敬的嘉伯丽·香奈儿女士为她们带来了裤子、没有帽檐的帽子和凉鞋，这些在今天看来稀松平常的服饰，在当时却是引起轩然大波的"奇装异服"。然而正是这些"奇装异服"，使得日后的女性获得了自由。

我不想成为像嘉伯丽·香奈儿一样伟大的人，只想通过笔下的文字，让和我生活在同一蓝天下的女性朋友们得到短暂的感动。如果这些文字对她们有着哪怕一点点的帮助，我也会觉得很幸福。在这本书里，我无意集合一些30岁成功女性的唠叨言语，也不想摆出一副"人生应该这样活"的说教脸孔。我知道自己还没有那种资格。

周游世界各地时，我曾遇到各类成功女性。那是一段美好的时光，在与她们接触和交流时，我学到的东西和得到的感动比从任何书本中得到的都要多、都要生动。她们起初也并不完美，然而，凭借着独特的信念与顽强的意志，她们最终让自己的生活变得丰富多彩、意义非凡，从而成为他人眼中高贵的公主。

我想告诉所有成长中的公主们：世界上有无数的公主正在丰富着自己的人生。你们也可以像她们一样，活出自由潇洒而有意义的人生。

今天的处世、励志类图书就如雨后春笋般涌现，当你们看过这些书后,也许曾暗暗许愿:"我也要变成那样!"然而,事实上又有几个人真的能够下定决心,把自己的宏愿付诸实施呢?成功人士与非成功人士的区别,不过是一念之间的事情。

每当看到那些事业有成、人际关系超好、自我控制能力极强的公主时,我都会非常羡慕,恨不能立即达到她们那样的程度。我不止一次暗自琢磨,她们究竟是如何成为今天这个样子的,又是如何把自己的人生经营得如此之好?对于这些"内幕"的探究,我觉得非常有意义。在琢磨思考的过程中,我逐渐破解了这个秘诀,并将内容整理成册。

这个秘诀就是在美国、日本等国家得到热烈追捧的智慧卡(Wisdom Card)。神奇的是,我遇到的每一位成功耀眼的公主都在钱包里放着智慧卡,一有空就会拿出来翻看,并以此激励自己。一张张写有美好愿景的卡片,最终帮助她们实现了目标。

智慧卡只有信用卡一般大小,却拥有不容忽视的力量。这些小小的卡片不仅帮助他人达成了愿望,在我自己的身上,同样的奇迹也在不断上演!

此时此刻,我迫不及待想要将智慧卡在她们和我身上所起到的魔法作用同各位分享。如果你也想体验这种魔法，就请立刻付诸行动吧！和智慧卡一起，你的梦想将很快得以实现！

相信我，只要花上几个月到一两年的时间，你的人生就将得到彻底的转变，这可是一件非常值得我们去做的事情。准备好了吗？出发吧，公主！

Chapter I

蝶变·践行梦想

我是追梦的公主,神奇的魔法将赋予我无尽的潜力。
高唱梦想的歌儿,披上信念的衣裳,扬起行动的风帆,我将到达心中想去的任何地方!

对于每一个人来说,展望未来都是一件让人高兴的事情,即使无法实现自己的愿望,那自由的想象就足以令人开心了。琳达阿姨曾经说过这样的一句话:一个人如果没有任何期望,他就永远都不会感到失望,这又何尝不是一件好事呢?但我认为,如果一个人因为害怕失望而放弃对未来的想象和期待,他的人生也将变得毫无乐趣可言。

(露西·蒙格玛丽:《红头发安妮》)

守护梦想，我终将如愿以偿

专注于我的心动

看到风靡一时的电视剧《巴黎恋人》时，我再一次忍不住心动起来。我的心动，并非因为屏幕上那个帅气的男主人公，也不是被他一边弹钢琴一边唱"我可以爱你吗"的深情所感动，而是纯粹被电视剧中令人无限神往的异国风景迷住了。所以，我毫不犹豫地下定决心要走遍巴黎。暑假的时候，我的梦想终于实现了，以交换生的身份成功地去了法国。在语言不通的异国争取学分是非常困难的，可是对我来说，只要能实现梦想，一切都不是问题，哪怕只是在巴黎的露天咖啡吧里喝上一杯咖啡，我都感到心满意足。

我这个人患有"后天性心动症"，也可以说是"心跳加速症"。但是，单纯的"心跳加速"还不足以形容我的症状。为什么这样说呢？因为在我 20 多岁时，大部分时间都浪费在追寻使我"心跳加速"的目标上面了。不过,我很喜欢这种心动,我相信自己以后的人生还将继续这样下去。

说到这里,读者朋友们一定对我这个人产生了不少疑惑吧?不过,我只要举个简单的例子,大家就明白了。比如,当我和朋友们一起来到人流量比较大的宾馆或者酒吧里,我的朋友一般都会对那些穿着时尚的帅哥比较感兴趣。但我的目光从来都不会在这些男人身上驻足,因为我更加关心他们身后的东西。更确切地说,我是在看墙壁上挂着的相框。那些相框里无一例外地镶嵌着展现异国风情的照片:坐在巴黎塞纳河畔的旧长椅上接吻的巴黎情侣、急匆匆行走在纽约街道上的纽约客、凝望着印度恒河弹奏乐器的流浪艺术家……每当看到这些照片,我的心跳都会异常剧烈,而平息心跳的方法只有一种,那就是亲身来到相框中的风景地。在塞纳河畔漫步,在人世繁华的纽约街道穿梭,在恒河边徜徉,亲眼看一看那专心弹奏乐器的流浪歌手……

虽说如此,但我并不是有钱人,闲暇时间也不比别人多。只是当我的心中有了梦想时,便会以此为目标坚持不懈地努力，直到达成愿望。哪怕需要很长的时间，我也从来没有想过放弃。事实证明，只要我和钱包里的智慧卡在一起，一直坚持下去，最终我都会如愿以偿。

一切皆有可能

我是一个渴望自由、喜欢旅行的人，我不愿平凡无奇地度过一生。从很小的时候开始，我就梦想成为一个能够自由自在游走于世界各国的人。因此，当我的朋友们还在为高考而拼命的时候，我的钱包里却夹着一张智慧卡，上面写着：每年至少两次坐飞机出国旅行！

每次打开钱包，我都会看到这张智慧卡，从而提醒自己。当我准备花钱的时候，首先看到的也是这张智慧卡。我知道，要实现自己的愿望，就必须从现在开始积攒旅行经费，因此我连 1 000 韩元（约合人民币 6 元）都不敢乱花。

从某种意义上来说，人可以分为两种：第一种人怀揣梦想，却从不为之努力；另外一种只要心中有了梦想，便会努力朝着目标奋斗，不仅每天都提醒自己，还关注每一件有助于实现梦想的小事。我一直努力成为后一种人，并且还将继续努力下去。事实上，我也的确收获了很多。

自从我的钱包里有了智慧卡，我便开始朝着自己的目标不断努力。两年后，我所期望的回报陆续出现了。首先，一次盼望已久的美国之行顺利地出现在我面前；5年后，我成了美国芝加哥KBC电视台的一名记者，同时也是《9点新闻》的节目主持人；到现在一晃10年过去了，我也终于实现了可以随时坐飞机的愿望。

据说美洲的印第安人认为，无论做任何事情，只要能够反复坚持10 000次以上，就一定能成功。而我之所以能够实现愿望，最大的秘诀就是夹在钱包里面的那张小小的智慧卡。如同印第安人所说的那样，每当我打开钱包的时候，都会看到自己的梦想，从而更坚定了我的意志，就这样反反复复不知有多少次，我最终实现了心愿。

现在，我的钱包里依然放着智慧卡，只是上面的文字已经变为："趁着还来得及，我要和父母一起环游世界！"

我为这个梦想努力了数年之久，可喜的是，最近就要实现了。如果朋友们听说我为出去旅行而放弃了现在这么好的工作，一定会认为我疯了。我理解他们的心情，但从不认为这样做是错的。我想，许多人都曾有过这样的经历：某一天早晨，刚刚睁开眼睛，就感到一种莫名的空虚，然后茫然地度过了这一天。

我也不例外。有一天，我忽然对目前的状况产生了疑问，我不止一次地问自己，究竟为了什么这么辛苦地工作，什么才是最重要的。在苦思冥想之后，我终于找到了答案，那就是我的家人。一份好工作还有机会重新找到，但父母却是唯一的，他们在一天一天慢慢变老。时间不等人，如果等到成功的时候才想为父母做点什么事，他们可能已经不在人世了。每次想到这里，我就焦急万分。

很久以前，我认为自己的梦想或许永远都只是梦想，是不可能实现的。可是后来，它们却一个接一个地实现了，这一切真让我开心啊！我现在觉得，如果一个人一生中连一件事也做不成的话，那他简直就是在浪费生命，亵渎青春。说到这里，如果你还是觉得自己无法达成愿望从而驻足不前，或者不知道该怎么做才能实现梦想，我想给你一句忠告：千万不要担心什么，所有困难都是可以克服的。只要将写着愿望的智慧卡放在钱包中最显眼的位置，并时时拿出来翻看，你的愿望就一定会实现。

你大可不必为自己的钱包不是古琦（Gucci）、香奈儿、路易威登等名牌而感到生气或怨恨，因为远比那些东西珍贵千百倍的智慧卡会一直守护着你的梦想，并帮助你最终达成愿望。脱口秀女王奥普拉曾经说过："你的热情会引导你迈向灵魂深处最渴望到达的方向，不是只有伟大的人才可以实现梦想，拥有梦想并为之努力的人才是伟大的人。"

在此，我衷心希望你能树立起自己的梦想。只要始终坚定不移，终有一天，你的梦想之树将会结出绚烂的果实。

Princess's Magic Tips

*生活的邀请函（节选）
(Oriah Mountain Dreamer)

你为生存做了些什么，我不关心；
我想知道，
你的追求，
你是否敢让梦想去触碰你那内心的渴望。

你的年龄多大，我不关心；
我想知道，
你是否愿意像傻瓜一样不顾风险，
——为了爱，梦想，还有活着就该有的冒险。

我不关心，是什么行星牵引着你的月亮，
我想知道，
你是否已触及自己悲伤的中心，
是否因生活的种种背叛而心胸开阔，
抑或因为害怕更大的痛苦而消沉封闭！

我并不关心你告诉我的故事是否真实，
我想知道，
你是否能为了真实地对待自己而不怕别人失望，
你是否能承受背叛的指责而不出卖自己的灵魂。

我想知道，你是否能抛弃曾经的信念，因此值得信赖；
我想知道，你是否能发现美，即使不那么明显，
你是否能从它的存在中追寻生命的源头。

Princess's Wise Saying

梦想不应只存在心中
应让它像风筝一样在天空飞翔

对于每一个人来说，展望未来都是一件让人高兴的事情，即使无法实现自己的愿望，那自由的想象就足以令人开心了。琳达阿姨曾经说过这样的一句话：一个人如果没有任何期望，他就永远都不会感到失望，这又何尝不是一件好事呢？但我认为，如果一个人因为害怕失望而放弃对未来的想象和期待，他的人生也将变得毫无乐趣可言。

（露西·蒙格玛丽：《红头发安妮》）

你真心渴望某样东西时，整个宇宙都会联合起来帮助你完成。

（保罗·柯艾略：《牧羊少年奇幻之旅》）

你一生中大部分时间都在工作。成就伟业的唯一途径是热爱自己的事业。如果你还没有找到让自己热爱的事业，继续寻找，不要放弃。跟随自己的心，总有一天你会找到。（**乔布斯**）

我们无法在这个世界上做什么伟大的事情,可我们可以带着伟大的爱做一些小事。

（特蕾莎修女）

大多数人都生活在平静的绝望之中,行将就木之际还未唱出心底的生命之歌。（梭罗）

对一个女人来说,或许最糟糕的莫过于迷失了自己。如果不能清楚地认识自己,没有任何梦想,那么这才是女人最大的损失。这本来不是无法避免的,而是那些阻止我们去追求梦想,去追求成功的人强加给我们的。我祈求上苍,你们千万不要失去梦想。

（法齐娅·库菲：《我不要你死于一事无成》）

我一辈子都喜欢跟着让我感觉有兴趣的人,因为在我心目中,真正的人都是疯疯癫癫的,他们热爱生活,爱聊天,不露锋芒,希望拥有一切,他们从不疲倦,从不讲那些平凡的东西,而是像奇妙的黄色罗马烟火那样不停地喷发火球、火花,在星空像蜘蛛那样拖着八条腿,中心点蓝光"砰"的一声爆裂,人们都发出"啊"的惊叹声。

（杰克·凯鲁亚克：《在路上》）

一些人总是抱怨玫瑰有刺,我却感到刺茎上有玫瑰。

(阿房斯·卡尔)

相信自己的魅力,逆流而上

傲立于花丛的玫瑰

仙人掌和玫瑰有一个共同点,那就是身上都长满了刺。但是,它们各自的生命经历与对待生命的态度却截然不同。

先说仙人掌吧,它不仅浑身是刺,还长得很难看,所以一直不受人们的欢迎。长此以往,仙人掌就认为自己根本没有资格和人类生活在一起,所以选择了逃避。它悲伤地离开了人类,走向远方,希望找到一个没有人迹的地方,最后留在了炎热而干燥的沙漠里。仙人掌逐渐适应了那里残酷的环境,并安心地住了下来,即使在其他杂草纷纷逃离沙漠的时候,它也始终没有离开。

然而,想成为魅力十足、被人爱的公主,绝不能像仙人掌那样轻易放弃。身上同样长满了刺却依然傲立于花丛中的玫瑰才是公主们应该学习的榜样。

玫瑰虽然与仙人掌一样长满了刺，但与仙人掌以刺为耻的想法不同，玫瑰认为刺恰恰是自己的魅力所在。作为公认的花中之王，它以凛然不可侵犯的美丽与高傲捍卫着自己。玫瑰也不是从一开始就受到人们的追捧，但它从未想过放弃，始终在努力。它不仅没有怨恨身上的刺，反而对这一点善加利用，努力寻找隐藏在自己身上的独特魅力。

我曾经看过玫瑰的 X 光片，令我感到惊诧的是，X 光片上显示的玫瑰竟然是没有刺的！它知道外表对自己来说并不是全部，所以当别人说"你的香气太浓了，还有这么多刺，我可不敢接近你"时，它并没有因此而气馁，反而变得更加坚强。

我们应该像玫瑰那样，不要受到一点挫折就灰心丧气，而是要把目光投向更加广阔精彩的世界。走出困境，寻找属于自己的独特魅力，并为之奋斗。绝不能像仙人掌那样逃避，否则，你永远都不可能实现自己的理想。

此外，我们还应格外注意，诸如"我做不到""我不可能"这些话一律不能说，逃避现实更是不可取。

只有在相信自己的价值，并对自己充满信心的时候，我们才有可能取得骄人的成绩，得到别人的认可。在这个世界上，任何事情对任何人都是公平的。在熙熙攘攘的人群中，自信的公主周身会散发出一种与众不同的光芒，最终，她们将得到比其他人更多的东西。

向灰姑娘学习

她是一个美丽可爱而又坚强的女孩，很小的时候，母亲就去世了，所有的家务都落在了她幼小单薄的肩上。

父亲娶了一个继母，继母还带来了两个姐姐。在接下来的日子里，继母处处为难她，拼命使唤她干活，可是她却始终都保持着一颗乐观向上的心。继母和姐姐们成天大鱼大肉，她却只能吃些蔬菜和谷类，但她并不怨恨，反而认为蔬菜和谷类有益于保护皮肤和健康，因此每天都以快乐的心情就餐。每天天不亮，她就要爬起来做家务，这被她当成了晨练；有空的时候，她就偷偷观看姐姐们跳舞，然后在自己的小房间里努力练习。不仅如此，她还尽量挤出时间阅读一些书籍，不断扩充自己的知识面……就这样，每天的日子忙碌而又充实，她不仅没有因为继母的不公而感到沮丧，心情还格外开朗。

后来，因为心地善良，她得到了仙女的帮助，赢得了参加宫廷宴会的机会。她没有放弃这个难得的良机，在宴会上将自己平时努力学习舞蹈的成果尽情地展示在大家面前，并以骄人的美貌赢得了王子的喜爱。

虽然王子对她表现出了好感，但她心里很清楚，这根本不能保证什么。王子是多么尊贵的人啊，他怎么会看上仅仅是相貌美丽，身份却如此卑贱的自己呢？当她意识到这个问题后，就决定先用美貌引起王子的注意，然后再用智慧牢牢抓住王子的心。

首先，她并没有像其他女子一样黏着王子不放，而是和其他贵族男子优雅地议论有关政治、经济等方面的话题，让王子看到自己睿智的一面。自然而然地，王子感到了她身上散发出来的独特魅力，心里很惊喜。

接下来，她也没有像其他女孩子一样专门等待王子的邀请。当别的男子向她发出邀请时，她都欣然接受，王子看到她和别人一起跳舞，心里忍不住嫉妒起来，而这正是她最想要的结果。她的一举一动让王子的心情大起大落,然而,就在王子觉得与她相见恨晚之时,她却像谜一样消失了。不过,她没有忘记留下一只水晶鞋。

最后,当王子拿着水晶鞋找来,她丝毫没有怀疑王子对自己的爱,也根本就没有诸如"王子怎么可能会爱上我这样的女孩子""时间久了,王子可能就会抛弃我了"之类的想法,她选择相信自己。

她没有放弃眼前的幸福,很快就接受了王子的求婚,成为了这个国家的王妃。她的名字就叫"灰姑娘"。

与灰姑娘不同,"白雪公主"无视小矮人的警告,咬下了看起来诱人可口的毒苹果,终于昏倒在地,眼巴巴地等待王子的救援,成为只懂得睡觉的"睡美人"。

在现实生活中,这样的人根本不存在。嘴里含着金钥匙出生并顺利和王子结婚的公主只会出现在童话故事里。另外,为了王子而牺牲一切,最终却被其他女人抢走了心上人的"人鱼公主"也是一个愚笨的女人。

由此看来,只有通过自己的不懈努力、逆流而上的灰姑娘才是我们应该追求的公主典范。**真正有魅力**

的公主绝不是那种与世隔绝、固执己见、眼高手低的人，而是会认清自己的处境，并以此为跳板来获得更好发展的智慧女人。她始终坚信自己是世界上独一无二的存在，并相信自身价值……只有这样的女人才能成为真正的公主。

Princess's Magic Tips

* 危急时刻救治你的神奇药方

Que sers sers = 顺其自然
C'est la vie = 那就是人生
Ourvre Sesame = 芝麻开门
Obliviate = 忘记一切不愉快
Roopretelcham = 美梦成真

* 为自己的双眸干杯

即使欣赏的只是街头画家的作品，
也能够发现其价值。
即使对方不开口，
也能够读出他想要什么。
它能够展望未来，
能够看到远处的天空和山峦，
能够看到所爱的人。
我身上没有任何一处不珍贵，
尤其是那明亮的双眸。

Princess's Wise Saying

用你的笑容去改变这个世界
别让这个世界改变了你的笑容

一些人总是抱怨玫瑰有刺,我却感到刺茎上有玫瑰。(阿房斯·卡尔)

我自私、缺乏耐心和安全感。我会犯错,也常会在状况外而难以控制。但如果你不能应付我最差的一面,那么你也不值得拥有我最好的一面。

(梦露)

让我们忠于理想,让我们面对现实。

(切·格瓦拉)

以为我贫穷、相貌平平就没有感情吗?我向你起誓:如果上帝赋予我财富和美貌,我会让你难以离开我,就像我现在难以离开你一样。可上帝没有这样安排,但我们的精神是平等的,就如你我走过坟墓,平等地站在上帝面前。

(夏洛蒂·勃朗特:《简·爱》)

宁使人嫉妒，不讨人怜悯。（**法国谚语**）

只要一个人想象他不可能做一件事，只要他确定不做这件事，那么结果他就不可能完成这件事。（**斯宾诺莎**）

只有诗人和圣徒才能坚信，在沥青路面上辛勤浇水会培植出百合花来。

（**毛姆：《月亮与六便士》**）

我从没有因为住在哪里而自卑，也没有太多地想过贫穷，我知道我们不富裕，但我感觉我没有错过任何东西。（**电影《怦然心动》**）

我喜欢我的懦弱，痛苦和难堪也喜欢。喜欢夏天的光照，风的气息，蝉的鸣叫，喜欢这些，喜欢得不得了。

（**村上春树：《寻羊冒险记》**）

社会在每个人的心中制造了一种害怕心理，害怕被拒绝，害怕被人嘲笑，害怕失去尊严，害怕人们将会怎么说。你不得不调整自己来适合所有盲目的、无意识的人们，你不能成为你自己。（**奥修**）

理查德，我也爱你。可是，我更加爱我自己。
《欲望都市》中萨曼莎和风流王子理查德的告别对话）

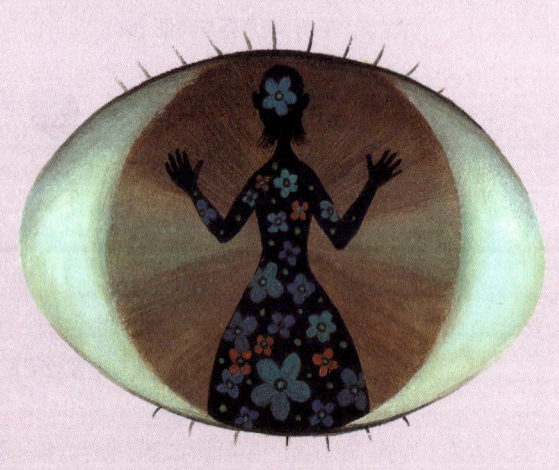

坚持自己的步调

懂得爱自己

奥黛丽·赫本是 20 世纪最受世人喜爱和争相模仿的女性之一，在她成为电影演员的时候，好莱坞已经有了一个名为"凯瑟琳·赫本"的超级女星。当时，导演曾劝奥黛丽·赫本改名字，以免别人会将她与凯瑟琳·赫本进行对比。一个小小的好莱坞有两个赫本也并不是好事，况且凯瑟琳·赫本在当时已经是著名的演员了，这对奥黛丽·赫本很不利。可是，奥黛丽·赫本却充满自信地对导演说道：

"不，我一定要用真实的名字。"

"那是为什么？"

"因为我就是奥黛丽·赫本。"

奥黛丽·赫本是一个非常自信而有魅力的女人。她能够得到众多观众的欢心，主要就是因为她对自己的热爱。奥黛丽·赫本鼓励女性发掘并强调自己的优点，她不仅改变了女性的穿着方式，更改变了女性对自我的看法。她刚出道的时候正值性感女星得到热烈追捧之时，可是，她却以激进坚强的姿态和绝对的勇气，改变了世人所公认的美女定义，并以特立独行的瘦削身材和短发树立自己的形象。

奥黛丽·赫本的经历告诉我们，只有懂得爱自己的人才能得到别人的爱。那么，如何做才是爱自己呢？

你是否觉得无论怎样找，也发现不了自己的美丽？你是否对经常犯错却依然没有成功的自己感到厌烦？如果是这样，爱自己的第一步就是原谅。让我们原谅自己以前的所有失误吧，让之前的失败成为今后努力的动力，重新站到新的起点上。你越是爱自己、爱身边的人，你的改变也会越大、越惊人，同时也会越来越得到别人的爱。

与此相反，如果连自己都不爱自己的话，又怎能得到别人的爱呢？

米兰达曾经留学英国，回国后成为江南区一所著名学院的讲师。在任何人眼里，她都是一个美丽又成功的女人。可是，她总是对自己感到不满，不是抱怨皮肤太过白皙，就是觉得鼻梁太过挺直，要么就是觉得自己的额头太宽了。甚至仅仅因为身边的朋友有着纤细的双腿，她就觉得自己的腿太胖了，从而连裙子都没有穿过。

此外，她还总抱怨现在的男友比不上前男友，经常因为不能将喜欢的名牌全部买下而怨恨目前的处境。她总是将"世界上没有比我更倒霉的人了""她真漂亮，她肯定很幸福"的话挂在嘴边，心情也总是处于低谷。起初，她的朋友们还试图说服她，让她改变这种认知，但纷纷以失败告终。最后，她的朋友们索性一个个地离开了她。

这种事事不如人的悲惨感觉并不是别人强加给她的，而是她自己强加给自己的。像米兰达这样的女人会得到如此结局，就是因为她不够爱自己。

我们要善于发现自己的闪光点。如果你连自己都看不起，又怎能奢望别人喜欢你呢？亲爱的，千万不要忘记：只有充分肯定你的自身价值，才能得到别人的爱。

自己就是最好的名牌

　　世界上没有一个女人会拒绝名牌。如果条件允许的话,我也会忍不住将所有的名牌全都买下来。但令我感到疑惑的是,我在国外的朋友中几乎没有为名牌而拼命的人,很多人甚至不知道哪些商标是名牌。

　　有一次,我在宿舍附近的自助餐厅里吃饭,看到一位亚裔朋友穿着名牌毛衣出现在餐厅里,一位韩国女孩子好奇地问她:"这个很贵吧?要多少钱?"令我没有想到的是,坐在韩国女孩子旁边的一个美国朋友疑惑地看了她一眼,然后问道:"这件衣服质量很好吗?"更让我们惊讶的是,在场的美国人当中居然没有一个认识这个商标。

　　如果身边的人都不知道何谓名牌,就算穿着一身名牌又有什么用呢?女性拼命地追求名牌,原因只有一个,那就是穿给别人看。有人可能会说是为了满足自己的需要,那她需要的肯定也是别人惊叹的目光。试想,如果你一个人生活在孤岛上,你还会拼命地想得到名牌吗?

　　只有无所事事的女人才会拼命地想要得到名牌商品,只想着如何用名牌商品覆盖自己的全身,似乎只要披上了名牌，自身价值就会得到提升。我曾经看到过一个女孩从上到下穿了一身名牌，从很远的地方就可以看到她的帽子、裤子、手提包、鞋子和皮衣上面都有名牌商标。虽然她实现了大部分女人心中的梦想，但我却并不觉得好看，反而有一种很俗的感觉，似乎不是她拥有了名牌商标，而是名牌商标拥有了她。

名牌的价值在于质量过硬，而不在于商标有什么与众不同。真正认识到这一点的人，会因为衣领后面的商标摩擦到皮肤而将其剪去。最近，那些商标看起来一点都不显眼的商品反而更加受到女人们的青睐，而她们给出的原因也是惊人的一致：我们购买名牌是对高质量的需求，而不仅仅是要给别人看。

佩儿是一家百货商店的服装销售员，对名牌有着异乎寻常的需求，她浑身上下没有一件衣服不是名牌。虽然她一直享受被人羡慕的快乐，但是当朋友们得知她那一身名牌的代价是高额的信用卡债务后，都纷纷表示无法苟同。

朱莉是某公司国际贸易部组长，长得非常漂亮，一直都是朋友们的偶像。在人们眼中，她是一个很有品位的女人，大家觉得无论她穿什么衣服，戴什么首饰，拿什么手提包都似乎比别人漂亮。因为她的生活用品大多数都是去国外出差时购买的，所以在朋友们的眼中，她就是名牌的代名词。但实际上，她的所有物品都不是很贵，大部分都是她在国外打折促销季时购买的廉价商品和保税商品。为什么她不追求名牌，却反而达到了高于名牌的效果？因为她了解自己，心里清楚就算不用名牌来装扮，只要自身价值提高了，自己本身就会成为最好的品牌。

一个人的魅力主要来源于自身价值，而不是身上的名牌商品。我们要想成为具有独特魅力的公主，首先应该提高"我"这个商标的品牌价值。真正优秀的公主根本不需要名牌，她们总是遵循着自己的喜好，坚持着自己的步调，从来不会盲目地跟随潮流，趋之若鹜。任何衣服穿在她们身上，都会显得格外高贵优雅，因为自己就是最好的名牌。

Princess's Magic Tips

* **我爱我自己**（节选）
  (Jai Josefs)

  我爱自己本来的样子，
  没有任何需要改变的。
  我将永远是完美的我，
  没有任何需要重新安排的。
  我美丽，又有能力，
  做最好的自己。
  而我，就爱自己本来的样子。

  我爱自己本来的样子，
  但我仍然需要成长。
  外在的改变会自然来临，
  当我从内心深处觉醒。
  我美丽，也有能力，
  做最好的自己。
  而我，就爱自己本来的样子。

Princess's Wise Saying

成为你想成为的自己
而不是别人想看到的你

当我活着，我要做生命的主宰，而不做它的奴隶。（沃尔特·惠特曼）

如果你能掌握自己的人生，会发生什么事情呢？会发生一件可怕的事情：你再也不能责怪他人了。（艾瑞卡·琼）

如果一个人按照自己梦想的方向自信地前进，并努力去过一种自己想象的生活，那么他将能在平凡生活中遇到成功。（梭罗）

当你说你不自由时，不是指你失去了做什么的自由，而是你想做的事得不到别人足够的认同，那将带给你精神上或道德上的压力，于是你觉得被压迫，被妨碍，被剥夺，翅膀长在你的肩上，太在乎别人对于飞行姿势的批评，所以你飞不起来。（卡森·麦卡勒斯）

每个人都有他的路，每条路都是正确的。人的不幸在于他们不想走自己那条路，总想走别人的路。（**托马斯·伯恩哈德**）

希望你们找到自己的路，找到自己的步伐、步调，任何方向，任何东西都行，不管是自负也好，愚蠢也好，什么都行。（**罗伯特·弗洛斯特**）

对每个人而言，真正的职责只有一个：找到自我。无论他的归宿是诗人还是疯子，是先知还是罪犯——这些其实与他无关，毫不重要。他的职责只是找到自己的命运——而不是他人的命运——然后在心中坚守其一生，全心全意，永不停息。（**赫尔曼·黑塞：《德米安》**）

凡是符合本性的事情，就都值得去说，值得去做。不要受责备或流言的影响。如果你认为说得对，做得好，那你就不要贬低自己。别人有别人的判断方式，有自己的特殊倾向，不要去理会他们。径直走自己的路，按照你自己的本性，遵循共同拥有的本性。因为此二者只有一条共同的，唯一的路。

（奥勒留：《沉思录》）

如果心里传来"我不太会画画"的声音,那么,你就必须试着画画。在你画画的时候,这种声音就会逐渐消失。

(梵高)

勇于改变，梦想照进现实

脱掉高跟鞋

一个慵懒的午后，在一家只有几个客人的酒吧里，有个男子正在安静地看着电视。他就是这家酒吧的主人，对无聊的生活感到厌烦的他漫不经心地看着一档介绍图书的节目。忽然，他冒出了一个念头：如果我自己来写书的话，会是怎么样呢？很快，他就将自己的这一想法付诸行动，最后竟然获得了成功，而他就是《挪威的森林》的作者——村上春树。

历史上还有仅仅为了买得起面包而开始写书，最后获得成功的作家，大作家莎士比亚就是其中之一。

每当获知某人在某个领域获得成功时，人们一般都会断定那个人拥有某种天赋，而不会往深处思考。事实上，人在刚出生时的智商大多是一样的，成功与否完全取决于后天的培养和努力。如果你也像村上春树一样抱着"试试看"的态度,将一时的念头化作具体的行动,谁知道你不会获得巨大的成功呢?如果你也像莎士比亚那样,因为生计而迫不得已从事一项工作,说不定你也可以发挥出所有的潜能。

是的,如果没有试过的话,这些事情是谁也说不准的。

我记得曾经有一个叫申时娥的朋友,她经过自己的努力终于成功地得到了出国留学的机会。在韩国的时候,她根本就不会做菜,可是到了异国他乡,为了生活,她不得不尝试学着做菜。经过一段时间的锻炼后,她意外地发现自己做出来的菜味道还不错,并且在这个过程中,她慢慢地对烹饪产生了兴趣。目前,她正在纽约进行培训,目标是成为一名食物造型师。

世事本无常,谁又能确定自己会在哪一个领域有着异于别人的天赋?我以前总认为只有特殊的人才能经营企业,但是后来,我却不止一次地看到曾经的家庭主妇坐到了 CEO 的位置上。

女人离不开高跟鞋,就像鱼儿离不开水一样,但高跟鞋带给女人优雅美丽的同时,却也限制了女人走路的姿势和速度。因此,如果不能摆脱高跟鞋的诱惑,女人一辈子都不会知道自己究竟能跑多快。

　　人在各方面的能力都可以无限发挥，关键在于你是否愿意发掘，所以我们千万不能给自己设定能力的极限。脱掉了高跟鞋，没准我们也可以跑得和奥运冠军一样快，或者和马拉松选手一样久。

别把忙碌当借口

　　孙女士从小就梦想成为一名伟大的作家，总想着一有机会就写书。可是，学生时代被学习所累，参加工作时又被工作所累，最终她连一个字也没能写出来。她经常会冒出这样的念头："如果我专心写书的话，那该有多好啊！"

　　这样的念头变得越来越强烈，渐渐地，她对工作和生活失去了兴趣和热情。最终，她主动提出辞职，因为她觉得自己已经有了一些积蓄，辞掉工作后也不用操心生计，具备了在家专心写书的条件。

　　半年过去了，她不仅没有成为一名作家，还把全部积蓄花得精光。更要命的是，她连一篇像样的文章都没能写出来。每当坐到书桌前，她都觉得自己有非常深刻的东西想要表达，可是怎么也写不出来，因为她的脑海中已经没有了以前的灵感。在这种状态下，她每天只能写几行字。

日子就这样一天天过去，她逐渐对自己失去了信心，变得懒惰和嗜睡。突然有一天，她顿悟了：以前因为没有时间而推迟某些事情纯粹是自己找的借口，在繁忙的工作中忽然冒出的绝佳灵感都被她——错过。的确，如果她在当时能将那些灵感记录下来，并不断挤出时间进行创作，可能现在的她在工作与创作两方面都已经获得了成功。

尹女士的经历也是类似的例子。她的目标是去中国留学，但她并没有为实现这个目标而努力创造条件，只是一味抱怨目前的处境，最后浪费了时间与精力，一直都没有成功。

她是学历史的，看着周围的同学一个个都到中国留学，心情日益焦躁。因为留学是她的唯一目标，她只想早一点学好汉语，并通过汉语考试，所以她越来越觉得现在的功课简直就是在浪费时间。为了不耽误自己学习汉语，她甚至申请了休学，可是休学后，事情却并不像她想象的那样发展。

半年过去了，她不但没有学好汉语，还放弃了留学的打算。在那段时间里，因为没有外界的干涉和束缚，她的生活变得毫无规律：花钱如流水，体重不断增加，生活态度也变得懒散起来，每天睡眠和面对电脑的时间都大大地延长。同时，她有了足够的时间去和以前没能联系的朋友见面，如此一来，她又顺理成章地交到了男朋友。后来，她不仅疏于汉语的学习，干脆连学院也不去了。

像孙女士那样觉得因为忙而什么都不做，那么即使有了时间，也不可能做好。一般来说，人是在繁忙中产生各种欲望的，所以当你准备做某件事情的时候，绝对不能以繁忙或条件不足为借口。只要我们认为做得到的事情，无论环境怎样艰苦，都应该坚持下去，如果能够做到这一点，那么，世界上就没有什么事情是不可能发生的。

通常情况下，在准备做某件事情时，大部分人都会选择等待一个绝佳的时机。为此，他们会找出各种各样的理由作为借口。"等我先把手头上的事情做完了再说""等到新年来临就立即开始""现在资金有些紧张，等攒了更多的钱再做"……但是，所谓的最佳时机究竟会不会如期而至呢？

答案是否定的。忙完了"这一阵"之后，你自然还会忙另外的事情；所谓的"金钱危机"并不是一时的，它会一直困扰着你；而那些盲目等待最佳时机和最佳条件的人，穷其一生都不会获得成功。

只有在恶劣的条件下努力克服困难的人才能最终成功。如果你真心想要完成一件事情，就不要找任何借口了，立即付诸行动吧！

记得世界著名大文豪萧伯纳的墓志铭是这样写的：

"我早就知道，无论我活多久，这种事情还是一定会发生。

——1950.11.2 栖身于此。"

Princess's Magic Tips

*希望长着羽毛
(Emily Dickinson)

希望是长着羽毛的生灵,
栖息在灵魂的树杈,
唱着无言的歌儿,
从来——没有停下。

它曾庇护了多少温暖,
狂风中,它的歌声最是甜蜜。
只有恼羞成怒的暴雨,
才能让这只小鸟显现窘迫。

我听见它的声音,
在最寒冷的土地,
在最偏远的海洋,
绝境中,它依然不会张口,
向我讨要哪怕一屑面包。

Princess's Wise Saying

我们不能控制风向
但我们可以调整自己的帆

如果心里传来"我不太会画画"的声音,那么,你就必须试着画画。在你画画的时候,这种声音就会逐渐消失。(梵高)

永远不要认为我们可以逃避,我们的每一步都决定着最后的结局,我们的脚正在走向我们自己选定的终点。(米兰·昆德拉)

我们没有能力去阻止已经发生的事情,但我们却有能力去改变已经发生的事情对我们现在生活的影响。接受已经发生的,改变可以改变的。(托马斯·卡莱尔)

无所作为滋生怀疑和恐惧。行动孕育自信和勇气。如果你想战胜恐惧,就别光坐在家里想。走出去行动起来吧!(戴尔·卡耐基)

在这个世界上,取得成功的人是那些努力寻找他们想要机会的人,如果找不到机会,他们就去创造机会。

(萧伯纳)

记住并遵循这条永远灵验的处方:马上行动。不要轻易放弃。(芭芭拉·温特)

要改变自己的生活,就要立即开始。改得淋漓尽致,绝无例外。(威廉·詹姆斯)

有些人会问:"为什么现在行动,为什么不等等呢?"回答很明了,世界不会等你。

(电影《荒野生存》)

不要做小计划,它们没有魔力去让你热血沸腾地采取行动。要做大计划,给工作和希望定一个高的目标。(丹尼尔·伯纳姆)

今天就开始改变你的生活。不要把赌注下在明天,快行动,别拖沓。(西蒙娜·德·波伏娃)

我没有能力做到所有的事情,但是,有些事情却分明是可以做到的。正因为我不能做到所有事情,所以我更加不能放弃我能做到的事情。

(爱德华)

抓住生命中每一个宝贵的机会

意想不到的珍贵礼物

上大学时,我最想在毕业之前做的一件事情就是让那些连朝鲜与韩国都分不清的外国人认识韩国。值得庆幸的是,我的这个梦想在毕业之前就实现了。

伊利诺伊州立大学张锡祯教授召集众多教民与韩国留学生,议定召开一个名为"韩国之日"的集会,但资金不足是我们面临的首要问题。最初,我们想让教民们支援本次集会,但效果并不是很好,我们的计划陷入了困境。后来,我们突然想到,如果去找那些比我们更想让外国人知道韩国的组织,是不是会有意外的惊喜呢?

"先联系看看,就算没有结果,起码也不会有什么损失吧",这就是我们当时的想法,虽然不知道结果会怎样,但还是试着这样做了。我们首先想到的就是"韩国文化观光部",在他们的网络主页上,我们惊喜地找到了相关人员的职位、姓名和电子邮箱。我们连忙兴奋地给企划部部长发去了本次集会的企划书。

第二天,我们就接到了国内的电话,文化观光部方面感谢我们想要让更多外国人认识韩国的这一努力,还说可以支援我们必要的资金、宣传册和民族服装等物资。此外,部长还主动提出帮我们联系纽约、芝加哥大使馆和洛杉矶文化馆等部门,让他们给予我们各种帮助。

在这意料之外的大力支持下,集会终于得以顺利进行,而同时间召开的"国际博览会"也获得了圆满成功。以此事为契机,市议院宣布将4月8日定为"韩国之日",对我们这些付出了辛勤劳动的留学生和其他韩国国民来说,这一决议无疑是最珍贵的礼物。

以后的事情会怎样,谁都不会知道,但任何事情皆始于"这可能吗"。因此,当你心中产生这样的疑问时,绝不能畏首畏尾,而要大胆地尝试。哪怕轻率行动又如何?有谁敢说肯定不会成功呢?也许意想不到的机会就在前方等着你。

大胆挑战一切事物

我刚进电视台的时候,有一次,负责采访亚洲节的同事因为有事不能前往,台里决定派我一个人去。

亚洲节在星期日举行,本来不是什么大事件,只需要简单地拍些图片、录些资料就可以了。但那天早上事情突然发生了一些变化,传来的消息称,芝加哥的戴利市长将要参加此次活动。戴利市长不仅是芝加哥的著名人物,在全美国也是知名度很高的政治人物之一,因此可以说是一位非常有影响力的人(在美国,受欢迎的政治人物比好莱坞著名影星更受人们的追捧)。

戴利市长的父亲理查德·J. 戴利从 1950 年开始,共 6 次当选为芝加哥的市长,曾帮助肯尼迪当选美国总统,之后就是理查德·M. 戴利市长一直担任芝加哥市市长之职。在半个世纪里,戴利家族的人前后十几次当选为芝加哥市市长,这无疑是该家族颇受欢迎的表现。芝加哥甚至还被称为戴利王国,可见戴利市长多么受民众的爱戴。前总统布什还曾特意前往芝加哥,专门同戴利市长一起度过自己的 60 岁生日。

这是一个好消息,但台里觉得无论如何也不可能采访到戴利市长,所以依然决定让我一人前往。亚洲节照常召开，因为戴利市长的意外到来，场内聚集了大量记者。就在他的演说即将结束的时候，我忽然冒出了一个荒谬的念头：试着采访一下市长又有什么关系呢？虽然明明知道他是出了名难采访到的人物，但我还是很想挑战一下，心想就算失败了，也无伤大雅。

演说结束后，戴利市长被保镖和众人簇拥着走下主席台。我望着眼前的这一幕，更坚定了刚才的念头，但时间太仓促了，我根本就来不及把正在二楼拍摄的摄影师叫下来。情急之中，我提起备用摄影机就朝戴利市长奔了过去。

平时沉重无比的摄影器材在那天似乎轻如鸿毛，我几乎是提着它飞一般地追了过去。但是，我很快就发现戴利市长在不远处正准备上车，心急如焚的我忍不住朝他大喊了一声，告诉他我想要采访他。听到我的喊声，戴利市长疑惑地转过身来，可能是觉得一位亚洲姑娘从10米远的地方朝自己奔过来的情景太让人感到吃惊了，也可能是觉得我太可怜了，反正他站定了身子，没有马上上车。戴利市长旁边穿着黑色西服的数十名彪形大汉几乎同时朝我望了过来。我的背后也承受着其他没能接近市长的记者们的炽热目光。瞬间,我突然觉得两腿发软,脑海中冒出各种各样的念头:"我到底干了什么?""我是不是疯了?""要不就装作找别人,从他们旁边经过吧?"

可是,周围注视着我的人实在太多了,而且越来越多的人开始围过来,如果此刻我驻足不前的话,肯定会成为天大的笑话。想到这里,我只好硬着头皮迈出步子,走到市长身边将名片递了过去。自我介绍一番后,我向他提出了采访要求,令我感到惊喜的是,他阻止了周围的保镖,欣然答应了我。于是,我兴奋地扛起摄影机,顺利地对他进行了采访。迄今为止,我都无法忘记当时戴利市长向我露出的微笑,更无法忘记和他握手时的激动心情。

那个时候,如果我因为畏惧胆怯而逃跑,现实的困境还会依然如故,而我所拥有的东西也不会产生变化。因此,想要有更多的改变,就不应该瞻前顾后,而要大胆地挑战一切事物。试想,如果杂技团的杂技演员只是一味地紧紧抓着绳索,那么他永远也飞不到对面。

Princess's Wise Saying

无论你犯了多少错或进步有多慢
你都走在了那些不曾尝试的人的前面

我没有能力做到所有的事情,但是,有些事情却分明是可以做到的。正因为我不能做到所有事情,所以我更加不能放弃我能做到的事情。

(爱德华)

真正的失败者是那些害怕失败的人,他们甚至没有勇气去尝试。(**电影《阳光小美女》**)

所谓勇敢,并不意味着无所畏惧。无所畏惧其实是一种心理疾病。(**波·布朗森**)

许多人浪费了整整一生去等待符合他们心愿的机会。(**尼采**)

每个人都会死,但是并非每个人都曾真正地活过。(**电影《勇敢的心》**)

要胆大妄为，要标新立异，要不切实际，要追求一切能够将意义和富于想象力的美好前景结合起来的东西，并以此挑战那些不敢越雷池一步的人、平庸的物种，以及平凡的奴隶。(**塞西尔·比顿**)

你拥有青春的时候，就要感受它。不要虚掷你的黄金时代，不要去倾听枯燥乏味的东西，不要设法挽留无望的失败，不要把你的生命献给无知、平庸和低俗。这些都是我们时代病态的目标，虚假的理想。活着!．把你宝贵的内在生命活出来。什么都别错过。(**王尔德**)

永远不要怀疑，一小群用心执著的人，可以改变这个世界。事实也一直如此。(**玛格丽特·米德**)

当你能念书时，你念书就是。当你能做事时，你做事就是。当你能恋爱时，你再去恋爱。当你能结婚时，你再去结婚。环境不许可时，强求不来。时机来临时，放弃不得。这便是一个人应有的生活哲学了。(**罗兰：《我们的路》**)

我来不及认真地年轻,待明白过来时,只能选择认真地老去。

(三毛)

在有限的时间王国里创造奇迹

建造一座属于自己的宫殿

童话里的公主大都拥有一座属于自己的美丽宫殿。白天,公主在花园里和百灵鸟尽情地唱歌;夜晚,公主在宫殿里和慕名而来的各国王子们优雅地跳舞。生活是多么美好啊!现在,也让我们抬起头来,在空中建造一座属于自己的宫殿吧!

闭上眼睛想象一下,在天空中很高的地方,有一座建造得富丽堂皇的宫殿,你穿着一身镶有宝石的衣服,与一位英俊的王子翩翩起舞,周围的人都用无比羡慕的目光看着你们。这样的你是不是感到别无所求了呢?那么此刻,你的宫殿建好了吗?

如果你的宫殿已经建好了,要成为一名耀眼的公主,你现在要做的就是在宫殿下面筑造阶梯,你建的宫殿越高,需要筑造的阶梯也就越多。再接下来,你就只需要沿着阶梯一步一步走向宫殿了。

当然，不是努力了就肯定会成功，但不可否认的是，那些成功的公主无一例外都曾经拼命地努力过。

现代人普遍存在这样一个共性，他们往往还没真正开始努力就放弃了许多事情。你可能从周围人身上发现过这样的现象：只要一遇到困难，就有人找出各种无法成功的理由，然后心安理得地逃避。还没付出全部的努力，就说这是拼命也无法完成的事情，这样的做事态度，怎能获得成功？

我曾经在一本书上看到过，狮子追捕兔子，失败的次数竟然比成功的次数多很多。仔细一想就明白，道理很简单：狮子只是为了饱餐一顿而奔跑，兔子却是为了生命而奔跑。孰轻孰重，大家一看便知。由此我们可以联想到，人的潜力也是可以无限发挥的，一切只在于你是否愿意尽自己最大的努力。

因此，如果我们在某件事情上遭遇了失败，第一件事情不是寻找客观理由，而是自我检讨是否尽了全力。亲爱的，让我们尽力做好每一件事情吧！相信没有什么事是不能做到的。我们要做的就是，打败自己！

尘土中闪亮的珍珠

有一天,我一个人去欣赏音乐剧。坐在我旁边的是一位身着正装的亚裔女子,她以新西兰特有的发音问我是不是韩国人,还很和蔼地跟我聊天,让我感到一种久违的亲切。交谈过程中,我了解到她竟是一位世界著名的经济评论员。

然而这位成功人士 8 岁时,母亲去世了,父亲也抛弃了她,可怜的小女孩跟着奶奶生活。

奶奶每天都去采野菜,然后拿到市场上卖钱,她们两个人就靠着这一点微薄的收入艰难度日。因为家境贫寒,她没有漂亮的衣服穿,也从不敢奢望在其他同学看来再平常不过的学习用品。周围的同学打心底里瞧不起她,总是嘲笑她,经常指着她身上肮脏的衣服说味道太难闻,甚至动不动就骂出很难听的话。顽皮的学生还故意把她的鞋子扔到窗外,然后兴致勃勃地看着她光着脚丫走到操场上捡回鞋子;有时,一些同学还喜欢恶作剧似地拿出自己忘记喝而已经过期的牛奶硬塞进她的嘴里;还有的同学故意把一些写有难听字眼的小纸条贴在她的后背上,她的后背上几乎每天都贴满了各种各样的小纸条。

面对如此窘境,她没有任何办法,每天都以泪洗面,奶奶也因心疼她而默默地吞下悲伤的泪水。渐渐地,她的话变得越来越少,虽然功课很好,但她没有一次站在大家面前讲话。

上了中学后,她依然是孑然一身,没有一个朋友。然而,她再也没有哭过,直到奶奶去世的那一天。她抱着奶奶逐渐冰凉的身体放声大哭,哭过以后,她就发誓从此再也不掉眼泪,因为她知道眼泪是不能解决任何问题的。安置完奶奶的后事,她便向学校递交了退学申请书,班主任老师深知她的聪慧,感到很可惜,也全力挽留她,却无济于事。

退学的那一天,有个同学专门赶来为她送行,还送了她一件小礼物。这个同学是她在幼儿园时的一个好朋友。那时候,她也和这个同学一样拥有关爱自己的父母,不仅可以穿漂亮的衣服,还经常被老师们夸奖。可是,自从遭受了家庭变故,她被其他同学排斥后,这个同学就刻意地疏远了她。

这个同学一边流着眼泪,一边跟她说对不起。看到曾经的好朋友仍然关心自己,她突然觉得自己并不是这个世界上最可怜的人。对她来说,这个同学送给她的小礼物就是最珍贵的东西了。就这样，她原谅了所有人、同学、父母，还有她自己。

退学后，她白天在社会福利院打工，晚上去学院学习，准备报考资格考试。在这段时间里，有一位在社会福利院工作的牧师给她介绍了一对新西兰籍的教士夫妇，让她去给他们做帮手。这对夫妇非常喜欢她，视她如己出，并竭力帮助她完成学业。一年后，她顺利通过了中学毕业资格考试，并在两年后跟着这对夫妇去了新西兰。

报答养父母的唯一方法就是刻苦学习，所以，她在学业上付出了全部的努力。当同龄人都在追逐时尚的时候，她却在努力读书；当同龄人忙着谈恋爱、到处游玩的时候，她却在拼命奋斗。

上天不负有心人，她的努力很快就得到了回报：18岁时，她以全额奖学金考进美国一所著名大学；大四在读时，她就已经获得了华尔街多家证券公司的青睐⋯⋯如今，她早已将过去嘲笑她的那些同学远远地抛在了后面。在世人眼里，她俨然一个高贵的公主，是从尘土中走出的熠熠闪光的珍珠！

在我留学期间，正因为有她的鼓励和安慰，我才平稳度过了令人纠结痛苦的心情低潮期。每当我感到孤单的时候，她都用自己的亲身经历安慰我，让我忘记那些不愉快的事情。每当我感到辛苦的时候，脑海中就会浮现起那个外表柔弱却内心坚强的姐姐。当我问她是如何走到这一步时，她是这么回答的："每当想到随时都会降临的机会，我就无暇去休息。"

看到别人的成功，人们总会觉得那是一种"奇迹"，从不考虑成功者为了这个"奇迹"所付出的努力，或者只是因为自己没有亲眼见证这个过程，就宁愿将它全部抹杀掉。现实中没有轻而易举就成功的例子，即使有也只是电影里的桥段。因此，对于努力奋斗的人来说，现实世界仍旧是温暖的，而对于那些懒惰的人来说，现实则是无比残酷的、冰冷无情的。

人的一生是有限的，如果不能在这有限的时间里创造"奇迹"，那么人生还有什么意义？有一句话是这样说的：20多岁时的一天相当于30多岁时的一周、40多岁时的一个月和50多岁时的一年。也就是说，人在20多岁的这个阶段正是创造"奇迹"的最好时期。请让我们都冷静地反思一下：我到底有没有做好创造"奇迹"的准备呢？

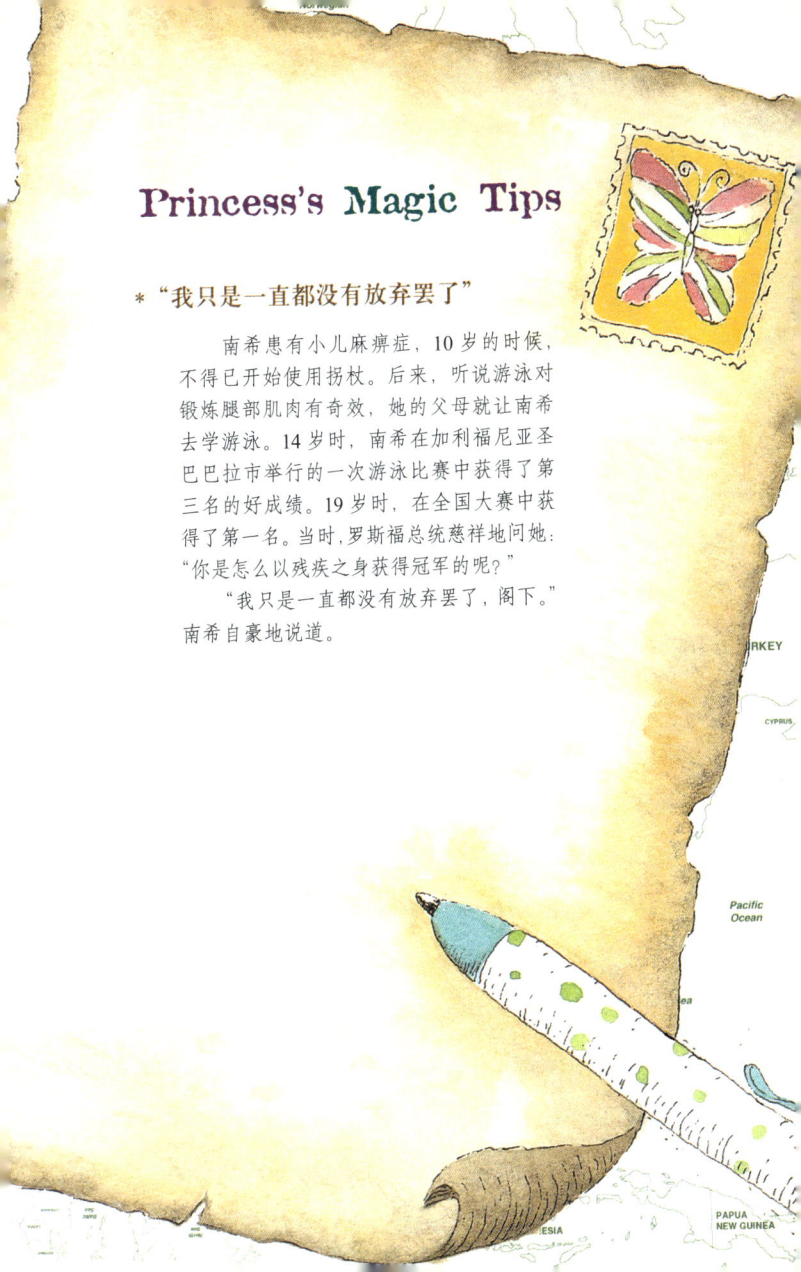

Princess's Magic Tips

*"我只是一直都没有放弃罢了"

南希患有小儿麻痹症，10岁的时候，不得已开始使用拐杖。后来，听说游泳对锻炼腿部肌肉有奇效，她的父母就让南希去学游泳。14岁时，南希在加利福尼亚圣巴巴拉市举行的一次游泳比赛中获得了第三名的好成绩。19岁时，在全国大赛中获得了第一名。当时，罗斯福总统慈祥地问她："你是怎么以残疾之身获得冠军的呢？"

"我只是一直都没有放弃罢了，阁下。"南希自豪地说道。

Princess's Wise Saying

你的未来取决于现在做的每个决定
命运就掌握在你自己的手中

我来不及认真地年轻,待明白过来时,只能选择认真地老去。(三毛)

我很相信运气,事实上我发现我越努力,我的运气越好。(托马斯·杰斐逊)

人生的方式只有两种:一种认为不可能出现奇迹;另一种则认为每一件事情都是奇迹。

(爱因斯坦)

对于大多数人来说,生活是由环境决定的。他们在命运的拨弄面前,不仅逆来顺受,甚至还能随遇而安。我尊重这些人,可我并不觉得他们令人振奋。还有一些人,他们把生活紧紧地掌握在自己手里,似乎一切要按照自己的意愿去创造生活。这样的人虽然寥若星辰,却深深吸引着我。

(毛姆:《生活的道路》)

我们常常痛感生活的艰辛与沉重，无数次目睹了生命在各种重压下的扭曲与变形，"平凡"一时间成了人们最真切的渴望。但是，我们却在不经意间遗漏了另外一种恐惧——没有期待，无需付出的平静，其实是在消耗生命的活力与精神。(**米兰·昆德拉：《生命中不能承受之轻》**)

有件事我们必须明白，从现在到 30 岁，我们都必须为生活而进行各种尝试，防止堕落。置身于生活之中。我必须打一场漂亮的战争，我们一定要成为有出息的人，尽管现在我们都没有。直觉告诉我——我们一定能干一番大事业，一定会与别人不一样。(**梵高**)

人生不过如此，且行且珍惜。自己永远是自己的主角，不要总在别人的戏剧里充当着配角。(**林语堂：《人生不过如此》**)

世上许多事，只要肯动手做，就并不难。万事开头难，难就难在人皆有懒惰之心，因为怕麻烦而不去开这个头，久而久之，便真觉得事情太难而自己太无能了。于是，以懒惰开始，以怯懦告终，懒汉终于变成了弱者。(**周国平**)

你一生中最有成就感的事情无非是完成了别人都认为不可能完成的事情。

(沃尔特·白芝浩)

行动是最有力的语言

最优雅的"报复"

很多人在遭遇不公平或无礼对待时,都希望别人也遭到同样的待遇,这是最愚蠢的想法。事实上,我们只需要让自己活得更好、变得比他们更幸福就可以了,这才是对敌人最有力的"报复"。李莉就成功实现了人生的完美逆转,她的故事将告诉我们什么是最高境界的"报复"。

李莉是地方大学的一个休学生,整日在家无所事事,只能看妈妈的脸色过活。然而,在她准备休学一年的时候,却自信满满地说要在这段时间内将自己的人生成功逆转。

休学后,她的想法不仅没有实现,还在残酷的现实面前逐渐失去了自信。一天,她终于觉得自己不能再这样下去了,于是决定改变。从第二天开始,她凌晨6点就爬起来晨跑，以此调整自己的心情，然后开始找工作。其实她原本就打算在休学期先拼命工作几个月，赚取足够的钱后再去国外研修半年。然而，她能找到的工作只有服务员、餐厅招待员或者配送员等低工资的职业。如果做这样的工作，无论她怎么努力，一个月连100万韩元（约合人民币6 000元）都很难攒起来，更不要说什么研修了。每当想起这些，她就认为休学的决定是一个错误。

一个偶然的机会，她看到一则招聘高尔夫球童的广告。进行一番咨询后，她了解到该工作的月薪有250万韩元（约合人民币1.5万元）。她没有细想，当场就决定应聘这个工作。

说起高尔夫球，她在上学的时候也打过几次，但只是作为一项选修课来学习，所以并不是特别熟悉。那时候，她虽然很想学习高尔夫，但她知道那是一项高级体育运动，需要一笔数额不菲的资金，所以始终都没有付诸行动。

她觉得这个高尔夫球童的工作不仅可以免费学习高尔夫，同时也可以赚到留学的学费。不过，这项工作远比她想象中的困难，不仅教官非常严格，而且因为球童都是女子，所以经常受到前辈们的欺负。有时候，明明不是她的错，可是前辈们却疾言厉色地指责她，把责任全都推到她身上。为此，她不止一次躲在洗手间里偷偷流眼泪，每当这个时候，她就暗暗为自己打气："她们这样做只是害怕别人抢走饭碗而已，我和她们有着本质的不同。虽然现在我被她们欺负，但我的目标却不在这里，赚到足够的钱去国外研修是我唯一的目标。"

借着梦想的动力，她每天都默默做好自己的分内事。每当看到客人们潇洒地挥舞球杆时，她也在心里暗暗想象自己像他们那样挥舞球杆的模样。5个月后，她终于成功攒下800万韩元（约合人民币4.8万元），并顺利前往加拿大进行梦寐以求的研修。

6个月的研修期结束后，她回到了韩国，此时的她已经变得几乎让人认不出来了，不仅英语实力大大提高，而且还准备报考高尔夫业余爱好者入门资格。因为曾在高尔夫球场工作的经历，她对高尔夫球场比较熟悉，不仅对各种草地有所研究，对打球入洞也比较擅长。最重要的是，在加拿大打高尔夫球所需的费用连韩国的十分之一都不到，而且还可以轻易地买到廉价的二手球杆，所以她几乎每天一下课就泡在高尔夫球场里。

虽然只有短短的半年时间，但她的变化却异常惊人，眼界变得更宽了，心灵变得更加剔透了，思考方式也随之产生了变化。我在多伦多附近的高尔夫球场初遇她时，就觉得她的目光与其他同龄女孩子完全不同，既清澈又锐利。

大学毕业后，李莉决定去美国留学，目前她正在准备申请全额奖学金。有一天，她在加拿大认识的一个外国朋友来韩国旅游时找到了她，两人决定去附近的高尔夫球场打球，而她们选择的地方正是李莉两年前工作过的那家球场。

她们刚下车，就有一个工作人员一边说"欢迎光临"，一边接过她们的背包，而这个人正是两年前曾经欺负过她的那位前辈。那位前辈可能也觉得和一个外国人来打球的李莉有些眼熟，时不时地在一边偷偷观察她，等到她终于认出眼前的人正是自己以前欺负过的李莉时，脸上不禁露出了慌张的神色。而李莉却并没有理会她，只是帅气而自信地挥起了球杆，同时挥出去的还有在她眼前展开的光明未来……

虽然曾经身心疲惫,但她却以坚强的意志挺了过来,为了无法放弃的人生目标,李莉忍受了所有不公平的待遇。在别人看来,她似乎是一个逆来顺受的傻瓜,但实际上,她却是默默地在为自己的目标而努力,同时,也为了以后的某一天,能够以全新的面貌出现在这些人面前。

自信而优雅地从曾经践踏过自己的人面前走过,愉悦地登上通往幸福的阶梯,这才是最高境界的"报复"。

充实自己的大脑和灵魂

因为出众的外貌,琳达在念高中时就是众多男生追求的对象,同时也是众多女生羡慕的对象。她感到自己的虚荣心得到了极大的满足,随着对各种聚会产生的浓厚兴趣,慢慢疏远了功课,每天只知道玩乐。

苏菲是琳达的初中同学,她非常希望自己能和众人喜爱的琳达成为好朋友,但琳达不仅没有接受她的请求,反而还嘲笑她:"你怎么每次都穿得这么老土啊?"

听到同学这样评价自己,苏菲的自尊心受到了很大的伤害,恨不能立即去做整形手术。可是她转念一想,我现在还是个学生，对我来说，功课才是最重要的。另外，父母为了让她更加努力学习，许诺她只要考上一所好大学，就满足她的任何要求。这样一来，苏菲更认真地学习了，并最终考入了一所名牌大学。

从那时开始，她的愿望都通过自己的努力——实现了。上大学后，她开始注重着装，脱下了臃肿的校服，换上了合身的衣服，一米七的高挑身材顿时让她显得与众不同。在大学期间，她还交了一个很优秀的男友，度过了非常愉快的大学时光。毕业时，苏菲已经是一位兼具美貌与智慧的广告导演了，在爱情、事业上获得了双丰收。

一天，苏菲和一个好朋友走进了一家鞋店。刚进店内，她就诧异地发现店员竟是一位熟人——高中时期的"女王"琳达。两个人互相看着对方，都为彼此的变化感到惊奇不已，却又不知道该说些什么。琳达看着眼前如此优秀的昔日同窗，张开的嘴巴半晌都没有合上。苏菲则轻轻取出一张名片递给琳达，然后就穿着新买的鞋子优雅地离开了，她并没有理会琳达那充满羡慕的目光。

世事无常，人也不可能永远都不变。很多在学生时期大受欢迎的人出了校园后反而一事无成，相反，有些默默无闻的人却往往可能在某个领域中获得巨大的成功。

俗语说："笑到最后才是笑得最好。"暂时的失败并不意味着永远不会成功，坚持到最后的成功才是真正的成功。因此，即使现在的你因为外貌和实力不足而被周围的人所忽视，你也不必放在心上，因为这些都是可以改变的。只要你愿意为实现目标而不断努力，当你收获成功之时，自然也能收获美丽。

观察那些女性 CEO，我们很容易发现，她们的魅力与美丽并不完全在于外表，更多的还是来源于内在的气质和智慧。想成为像她们那样有魅力的女人，我们就要像她们一样努力提高自身的价值。这需要我们不骄不躁，从一点一滴去践行。如果能做到这一点，那么你也一样可以成为散发着无穷魅力的公主。

如果你梦想拥有一个美好的未来，那么从现在起你就要开始改变自己了。当有人无视你的价值时，不要难过，而要更加努力，用行动证明他们的认识是错误的。只要你不被外人的偏见所束缚，自信地迎接明天，一切都会改变。

女人不是因为美丽才可爱,而是因为可爱才美丽,所有朝着自己目标努力前进的女人都是最漂亮的女人,也是最让人敬佩的公主。只要你明确了自己的人生方向,并为之不停奋斗,最终的胜利就将属于你,到时还有谁会忽视你的存在?

真正聪明的公主是懂得等待时机的女人。如果想在以后的日子里过得丰富多彩,我们就不该总是记着以前的荣辱成败,而是要重新开始,接受并学习新的知识,使自己的大脑和灵魂永远都是充实的。

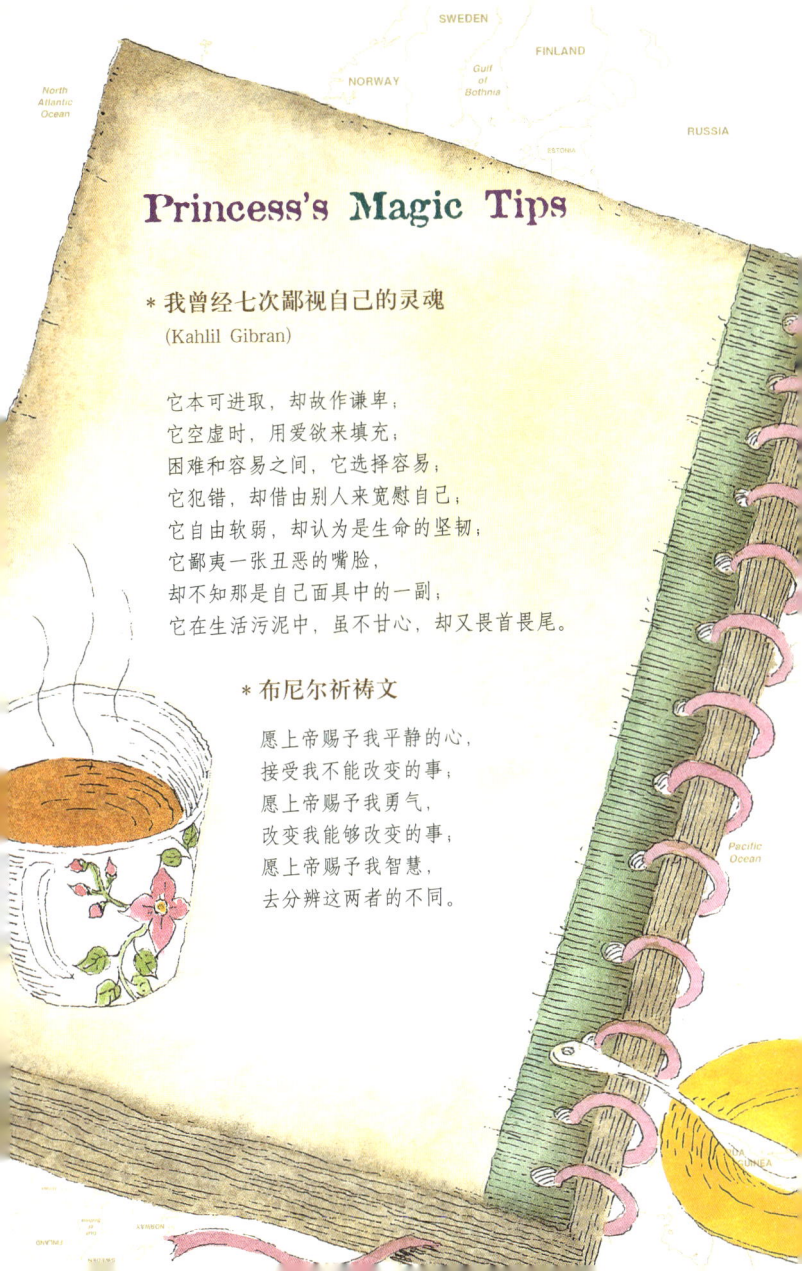

Princess's Magic Tips

* 我曾经七次鄙视自己的灵魂
(Kahlil Gibran)

它本可进取,却故作谦卑;
它空虚时,用爱欲来填充;
困难和容易之间,它选择容易;
它犯错,却借由别人来宽慰自己;
它自由软弱,却认为是生命的坚韧;
它鄙夷一张丑恶的嘴脸,
却不知那是自己面具中的一副;
它在生活污泥中,虽不甘心,却又畏首畏尾。

* 布尼尔祈祷文

愿上帝赐予我平静的心,
接受我不能改变的事;
愿上帝赐予我勇气,
改变我能够改变的事;
愿上帝赐予我智慧,
去分辨这两者的不同。

Princess's Wise Saying

与其用泪水悔恨今天
不如用汗水拼搏今天

你一生中最有成就感的事情无非是完成了别人都认为不可能完成的事情。**（沃尔特·白芝浩）**

完美不是控制出来的，是爆发出来的。

（电影《黑天鹅》）

人们依靠行动而活，而不是想法而活。

（哈里·爱默生·富司迪）

如果你想走到高处，就要使用自己的两条腿！不要让别人把你抬到高处；不要坐在别人的背上和头上。**（尼采）**

我们通过所得到的来谋生，我们通过所付出的获得人生的价值。**（丘吉尔）**

生命在我们的沉默中歌唱,在我们的睡眠中编织梦想。甚至当我们被击败而陷入低潮时,生命仍高踞王座之上。当我们哭泣时,生命却向白天微笑……

(纪伯伦:《沙与沫》)

我就喜欢做别人说我干不了的事儿,因为在我的一生中,总是会有人来说,我干不了这个干不了那个。而当我真正做成了,这种感觉就太棒了。

(泰德·特纳)

洋葱、萝卜和西红柿,不相信世界上有南瓜这种东西。它们认为那是一种空想。南瓜不说话,默默地成长着。

(于尔克·舒比格:《当世界年纪还小的时候》)

人生来是为行动的,就像火光总向上腾,石头总往下落。(伏尔泰)

在你所处的位置,用你所有的资源,做你力所能及的事。(罗斯福)

不患无位,患所以立;不患莫己知,求为可知也。

(《论语》)

Excellence

优秀，是一种选择

与世界优秀女性为伍

期中考试后我回到家，惊喜地发现邮箱里有一封来自国际女性协会的邮件，邀请我去参加慈善会。几个月前，我和舍友阿苏卡以"既能与各国女性进行交流，同时又能参加慈善活动"为由向该协会递出了入会申请，现在终于有了消息。

虽然我们都知道参加慈善会的女性们大多是社会上的成功女士，但我和阿苏卡觉得，既然我们是去做志愿者，她们就不会在意我们的身份。抱着这样的想法，我们不顾自己很低的英语水平，以普通学生的身份参加了那个聚会。那的确是一次很难得的机会，可以让我们近距离和那些举止优雅的女性进行交流。

在那里，我们遇到了很多优秀的女性。她们不仅能够流利地说出好几种外国语，而且举手投足间无不透着极高的素养。音乐响起时,她们依次步入舞池,跳起了华尔兹,舞姿优雅而端庄。当她们全身心投入到协会工作时,她们的形象变得异常高大。刚开始的时候,我和阿苏卡还畏怯地在角落里消灭着无辜的葡萄酒,但很快便被她们热情地迎进了场内,与她们一起工作。

我们都很羡慕、敬佩她们的气质与文化修养,随着了解逐渐加深,我才知道她们也并不全是一帆风顺的。有人在婴儿时就被人收养了,也有很多人在困境中艰难地获得了成功。她们的成功并非偶然,而是艰苦奋斗的结果。虽然有了现在的成绩,但她们丝毫没有懈怠,依旧每天坚持早起晨练。平时,她们会阅读大量书籍,补充新的知识;上班的时候,她们还会挤出时间去上各种辅导课,或参加各种活动,使自己的生活更加丰富多彩。

受到她们的激励后,我和阿苏卡的生活态度发生了巨大的变化。我们相信自己也能变得像她们一样,于是,我们决定改变自己。为了以后能有机会向其他会员学习,我们开始努力学习外语和华尔兹,同时还拼命地参加各种慈善活动和聚会。

说实话，谁不想让自己的人生变得多姿多彩呢？然而，大部分人除了抱怨条件、外貌、学历，甚至愤世嫉俗之外，还做过什么呢？从根本来讲，问题还是出在选择上，是潇洒走一回，还是抱怨终生？这就要看你如何选择。最重要的一点是，你为选择付出了多大努力，你将来改变的程度就有多大。

选择"可以陪我笑的男人"

有次回韩国时，我顺便和中学时期的女友们聚了一餐。当时，她们大都工作很多年了，最短的也有两三年。一群女人聊天，话题不免涉及男人和结婚。那时我还没毕业，对以后的生活充满了憧憬，想在毕业以后做很多事情，所以还没有认真地考虑过结婚这个问题。还记得那天有一个朋友问我："你有没有想过和一个什么样的男人结婚？"

"可以陪我笑的男人。"我犹豫了片刻，这样答道。

我曾经听美国前总统夫人芭芭拉·布什在一次采访中说道："我和丈夫生活在一起的理由是，他是一个可以陪我笑的男人。坐在沙发上看电视的时候，他和我一起笑；吃饭的时候，他和我一起笑；旅行的时候，他也可以和我一起笑。"当时，我觉得她说的这番话真是太好了，所以后来就将自己的白马王子定位成"可以陪我笑的男人"。

我将芭芭拉·布什的故事讲给朋友们听，接着说道："我也希望自己的丈夫是一个可以陪我笑的男人。当我的家人和他的家人聚在一起的时候，他可以轻松地陪我一起笑；逛街和旅行的时候，他也可以快乐地陪我一起笑……我想要遇到的就是这样的男人。"

听完我的话后，朋友们竟然异口同声地说我幼稚。她们试图劝服我，纷纷发表了自己的看法。

"你完全生活在自己编织的一个梦里，现实是很残酷的。"

"你对人生的了解真是太少了，可能是因为还没毕业吧？"

"或许是因为你在国外生活的时间太久了，所以对现实的认识还不够深刻。"

听到她们一致的反对声，我迫不及待地向她们解释："不是的，我是真的想和这样的男人结婚。那样的话，我的整个人生都会很快乐，而我不也可以尽情地享受这份快乐吗？"

我还想辩解下去，但另一个朋友接下来说的话却让我不由自主地点了点头。

"就算是想笑，那也得先有钱吧！先想一想没钱会是什么样的情况吧，我估计你在吃饭的时候都会突然想把碗筷扔到丈夫的脸上！逛街？好啊，不过逛街靠的什么？旅行又靠什么？这不都需要钱吗？现在这个世界，你就是想尽一尽孝道，最需要的也还是钱啊！所以，无论你想要做什么，钱都是首要条件。"

的确如此，结婚对每个人来说都是人生的一件大事，特别是女人，不可避免地要考虑到对方的条件。如果丈夫只是长得帅气，却连一分钱都赚不到的话，又有哪个女人会爱他一辈子呢？有这样一句话："有过去的男人可以原谅，但没有未来的男人却无法容忍。"不过话又说回来，如果只考虑金钱，不顾及内心的需要，同样也不会幸福。

随着当今世界的变化，女性的社会地位不断上升，她们在挑选结婚对象的时候，一般都会选择比自己条件好的男人。大家一致认为，如男方的条件令人满意，婚后的女人就会比较容易成为贤妻良母。然而，想要遇到一个好男人，女人就必须先提高自己的价值。只有确立了自己的价值与竞争力，才有机会获得优秀男人的青睐，婚后的生活才会幸福美满。试想，有一个白马王子此刻正站在你面前，而你却是一个毫无魅力的平凡女子，王子又有什么理由选择你呢？

　　一个没有能力的女人想要提高自身价值，就只能费尽心思找一个有能力的男人；而一个高贵的公主却可以毫不费力地在一群白马王子中间进行选择。女性可以选择结婚对象，这在以前是根本不可能的，而现在，这样的女性却真实地出现在我们的身边，这是一件多么美妙的事情啊！

Princess's Magic Tips

* 优秀女人是如何炼成的

善于发现生活里的美。
养成看书的习惯。
拥有品位。
跟有思想的人交朋友。
远离泡沫偶像剧。
学会忍耐与宽容。
培养健康的心态,重视自己的身体。
离开任何一个男人,都会活得很好。
有着理财的动机,学习投资经营。
尊重感情,珍惜缘分。

* 我要做一个内心强大的公主

遇到不想回答的问题,直视对方的眼睛,微笑、沉默。

走路抬头挺胸,遇见不想招呼的人,点头微笑,径直走过。

和对自己有恶意的人绝交。人有绝交,才有至交。

有人试图和你无理取闹,只需安静地看着他,说:"祝你好心情。"然后离开。

爱笑的女孩子,运气都不会太差。

Princess's Wise Saying

改变世界不需要魔法
只要我们发挥出内在的力量

不患无位,患所以立;不患莫己知,求为可知也。(《论语》)

有时候,一个小小的抉择就可以改变你的一生。(凯丽·拉塞尔)

如果你将自己的选择仅仅限制在那些可能的或合理的东西上面,你就无法得到自己真正想要的,而剩下的一切就只有妥协。(**罗伯特·弗里兹**)

别自寻烦恼地只想比你同时代的人或是先辈们出色,试着比你自己更出色吧。(**威廉姆斯·福克纳**)

要以星星为目标,那样的话,即使掉下来,你还能落在树梢上,如果你定位不高,就只能看到树枝以下的部位。

(**法齐娅·库菲:《我不要你死于一事无成》**)

一个人如果不到最高峰，他就没有片刻的安宁，他也就不会感到生命的恬静和光荣。（萧伯纳）

不要让未来的你，讨厌现在的自己。我正在努力变成自己喜欢的那个自己。与其祈求生活平淡点，还不如自己强大点。（几米）

人类的灵魂真是个精灵，它能把一根稻草变成金刚钻；在它的魔杖指挥下，迷人的宫殿出现在眼前，就像田野里的花儿，一朵朵在太阳热力的烘暖下绽开那样。（巴尔扎克）

我们每天都做许多决定，然后我们变成自己想要成为的人。你可以选择团结大家，也可以选择离间大家；你可以选择自我教育，也可以选择消极悲观。你有你的选择。（希拉里）

我是一个注重过程的女人。我尽力去迎接每一次挑战，尽力去品味每一次经历，并从中学有所获。生活从不乏味。（奥普拉）

我们都是一家名为"我"的企业的董事长。想要在现在的商界中生存下去,最重要的事情就是成为"我"这个品牌的总负责人。

(汤姆·彼得斯)

智慧是最有价值的投资

举手投足间尽显高雅范儿

在一家人头攒动的酒吧里,四周一片昏暗,只有一束灯光照射在舞台上跳舞的女郎身上。她穿着超短裙,长发如波浪般飞舞,显得性感妖媚。如果大家知道她其实是一所名牌大学的学生的话,我想她在人们眼中的形象必定会产生巨大的变化:不仅不觉得她是放浪的女子,还会认为她多才多艺。

再比如说,你在咖啡馆里看见一位长相清纯的女子正在优雅地喝着咖啡,你一定会认为她是一位非常迷人的女士,可是如果你知道她其实只是一位酒吧女郎,那么她在你心中的形象也必定会产生180度的转变。

同理,我们再来看一看名牌又会产生怎样的效应。如果一个尼龙包上面没有贴着"Prada"的商标,谁会认为那是一个高级名牌包呢？如果贴上了"Prada"这个代表着名牌的商标，情况就大不相同了，即使标签上的价格是普通包的好几倍，它也会供不应求。

无论是人还是物，所谓的"高级货"和"便宜货"，归根结底还是由其内在价值决定的。

我曾经历过这样一件事情。有一次我回韩国的时候特意为自己准备了一件礼物，那就是一张梦寐以求的头等舱机票。在此之前，我放弃了很想拥有的相机和提包，还吃了一段时间的泡面，就是为了攒够钱乘坐头等舱，满足一下自己想要奢侈一把的欲望。令人高兴的是，我最终实现了这个愿望。当然，如果下次还有钱买头等舱机票，我也不会再买了，因为对我来说，只要一次就够了，下次我会拿这些钱去旅行或者做些别的事情。

在候机大厅等待飞机的时候，我看着手中平生第一次拿到的头等舱机票，心里激动万分。当我正兴奋地左顾右盼的时候，忽然注意到坐在我前面的一个穿着训练服的女子，她的脸上丝毫没有化过妆的痕迹，双眼茫然地望着窗外，看起来很没有精神。

终于传来了登机的广播，我第一个冲了上去。坐在太空舱一般的头等舱里,我兴奋不已地四处观察。等到飞机正要起飞的时候,我忽然发现刚才注意到的那个女子也坐在头等舱里。

当时,我着实大吃了一惊,因为我怎么也没有想到她会是坐在头等舱的人。在候机室里看到她的时候,她显得那么憔悴不堪,而现在的她举止自然而优雅,与将激动心情全部写在脸上的我形成了鲜明的对比。飞机上提供的免费自助餐被我风卷残云般一扫而光,而她却连碰都没有碰一下,只是优雅地喝着葡萄酒,漫不经心地看着手里的英文报纸。

我强烈地感受到她的高贵气质,心里有一种说不出来的奇怪感觉,短短几分钟的时间竟然彻底颠覆了我对她的印象。原本认为没有化妆的她一定是个极其懒散的女子,而现在我却觉得那是她最与众不同的地方,甚至刚刚还觉得平凡无比的训练服、鞋子和提包,也在刹那间变得新颖别致起来。

其实,这一点儿也不奇怪,因为当我们注意到一个人的时候,往往会被那个人的身份、所处的位置和环境等外在条件所影响,然后,才根据自己的分析凭空臆想出那个人的形象。这也就是为什么我会在几分钟后对同一个女人产生完全不同看法的原因。对一个女人来说,最不幸的事情莫过于被当做"便宜货"了。

然而,要想让别人对我们另眼相看,我们就必须提高自己的内在价值。让我们一起努力,成为人人羡慕、举手投足之间处处散发出高雅品位的淑女吧!

智慧就是性感

如果漂亮的"芭比娃娃"真实存在的话,她会是什么样的女人呢?她将符合以下标准:

体重:49kg

身高:168cm

三围:38-21-34

胸杯:D

这样的身材堪称完美,绝对属于超级性感火辣型身材,它不仅是所有女性的梦想,也是所有男性眼中最理想的身材。然而,身材可以满足这种标准的女性,只有百万分之一。如果一个女人不能靠美貌获得成功,对她来说,什么才是最重要的呢?

每天都有无数的减肥产品涌入市场，几乎所有的女人都曾为了拥有梦想的身材而服用过各种各样的减肥产品，尝试过各种各样的减肥方法。然而，即使她们减肥成功了，变得漂亮的外貌真的能为她们赢来别人的认可吗？

在我准备写一篇关于现实中"外貌至上主义"的文章时，参加了一次名为"爱惜自己的身体"的活动。该活动分为数百个项目，在形象设计、运动疗法、适合的减肥方法以及怎样打造符合自身体型的形象等方面提供全方位咨询服务。比如，"哪些牛仔裤已经不适合再穿了""试着让参加的人从头到脚焕然一新"等活动均获得了人们的广泛好评。活动的最后，主办方还安排曾经被"外貌至上主义"的现实环境伤害的女性发表感想，而她们根据亲身经历所作的演讲让无数人受到了巨大的震撼。

某个杂志社就"哪些女性看起来最性感"进行过一次问卷调查，结果大大出乎人们的预料：得票最多的并不是那些身穿超短裙的性感女性，而是睿智又高雅的女性。其实，我们身边不乏这些性感女性。清晨，她们身穿清新的职业装，一手拿着咖啡，一手拿着英文报纸，迈着自信的步伐从我们身边走过……恰恰是这些并不是很漂亮、却很优雅的女性成为了大家眼中最性感的女性。也就是说，男人们认为最性感的女人是具有智慧的女人，而不是那些穿着暴露的性感女子。这个结果虽然出乎人们的预料，但它却很好地说明了一个问题：对女人来说，最重要的不是外貌漂亮与否，而是内在修养的高低。

在娱乐圈里，女明星们大多是艳光四射的美女，但即使如此，内在修养对她们来说依然非常重要。在一次颁奖晚会上，因拍摄《X档案》而一举成名的斯高莉战胜詹妮佛·洛佩兹和安吉丽娜·朱莉，被评选为"最性感的女演员"，这不正很好地说明了这一问题吗？

女人天生爱美，这是人们无法改变、也无须改变的事实。但我们还是不应过分追求外貌的漂亮，毕竟外在的漂亮就如同流星一般转瞬即逝，而内在的价值却是永恒的。男人是最容易遗忘的动物，对他们来说，漂亮的女人只能给自己带来短暂的快乐，而智慧的女人却让他们回味无穷。

公主们，让我们也穿着整洁的服装，一手拿着咖啡、一手拿着英文报纸或书籍走在路上……这不过是一件非常简单的事情，不是吗？如果再加上充满自信的微笑、抬头挺胸的优雅步伐，我想你一定会成为回头率最高的女人。

Princess's Wise Saying

没有智慧的头脑
就像没有蜡烛的灯笼

我们都是一家名为"我"的企业的董事长。想要在现在的商界中生存下去,最重要的事情就是成为"我"这个品牌的总负责人。(**汤姆·彼得斯**)

认识到一个人的灵魂是无法把握的,这是智慧的最终成就。人本身就是最终的谜。

(**王尔德**)

以昨天为鉴,以今天为乐,以明天为盼。

(**爱因斯坦**)

有时候,我多么希望有一双睿智的眼睛能够看穿我,能够明白了解我的一切,包括所有的斑斓和荒芜。那双眼睛能够穿透我的最为本质的灵魂,直抵我心灵深处那个真实的自己,她的话语能解决我所有的迷惑,或是对我的所作所为能有一针见血的评价。(**三毛:《雨季不再来》**)

许多人的所谓成熟，不过是被习俗磨去了棱角，变得世故而实际了。那不是成熟，而是精神的早衰和个性的夭亡。真正的成熟，应当是独特个性的形成，真实自我的发现，精神上的结果和丰收。（**尼采**）

人不是在自然里，而是在自身中看到一切都是美好而有价值的。世界非常空虚，它却从这种虚饰的外观中得到好处，使灵魂骄傲地得意洋洋。（**爱默生**）

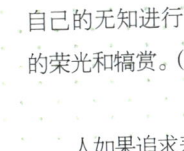

我不知道何谓绝对的真理，但是，我对自己的无知进行谦逊自省，这其中就有了我的荣光和犒赏。（**纪伯伦：《沙与沫》**）

人如果追求表面的美丽，你只会对自己越来越失去信心。若追求的是内心的宁静自然，就会越来越觉得充实。（**林青霞**）

但你很快就会领悟。在这个世界上，不单调的东西让人很快厌倦，不让人厌倦的大多是单调的东西。向来如此。我的人生可以有把玩单调的时间，但没有忍受厌倦的余地。而大部分人分不出二者的差别。

（**村上春树：《海边的卡夫卡》**）

Chapter II

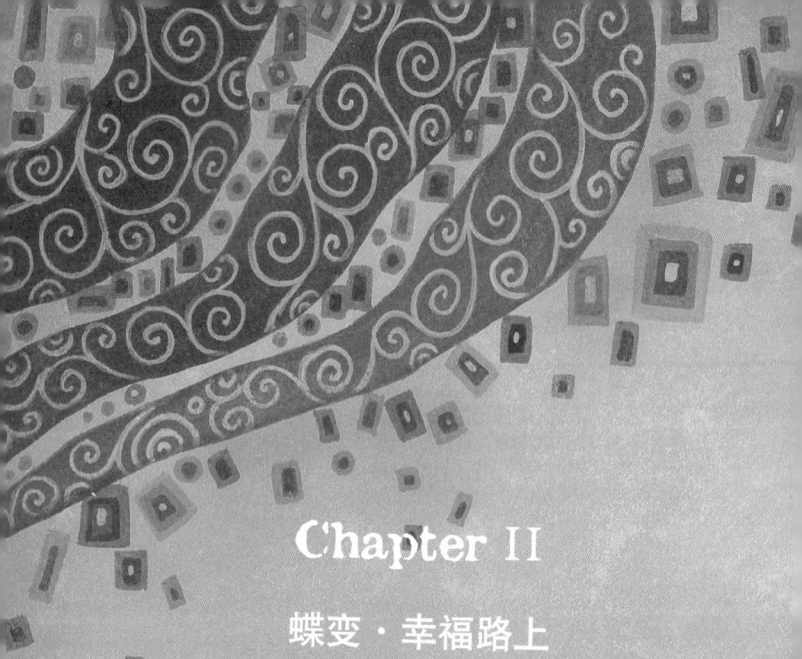

蝶变·幸福路上

我是幸运的公主,神奇的魔法将赋予我内在的美丽。
带着"今天"的礼物,敞开心灵的大门,呼吸自由的空气,
我将踏上幸福美好的国度!

幸福犹如香水，不往自己身上洒几滴就很难感染别人。

(爱默生)

幸福就在你我身边

藏在内心深处的幸福

　　幸福是上帝创造万物时给予人类的一份特殊礼物，但是魔鬼却诱惑人类吞下恶果，并从他们手中夺走了幸福。阴谋得逞的魔鬼们决心要把幸福藏起来，有的魔鬼提议将它深埋于海底，有的魔鬼提议将它藏至山顶，但大部分魔鬼认为，即使这样，也一定会被聪明的人类找到。因此，狡猾的魔鬼们决定将幸福藏在人类最难找到的地方，那就是人类的内心深处。

　　每个人都有追求幸福的权利，每个人都希望自己是一个幸福的人，但并不是每个人都在努力地寻找幸福。一个人是否幸福，主要取决于他是否有决心，如果没有使自己幸福的决心，又如何能成为幸福的人呢？正如林肯所说："人类的幸福指数与其决心程度成正比。"所以，我们应当时刻保持一颗追求幸福的心。

相信自己会变得美丽的人，她就一定能够变得更加美丽；坚信自己会成为富翁的人，上帝一定会为他创造致富的机会；相信自己健康长寿的人，他一定能够长命百岁。同样的道理，深信自己会幸福的人，一定会把自己引到追求幸福的路上，最终成为一个幸福的人。

"四叶草"背后的幸福代价

有个富翁正在河边钓鱼，忽然，他看见一个渔夫悠然自得地躺在渔船上，还漫不经心地吸着烟。于是，他走了过去，向那个渔夫问道："你怎么不去钓鱼，反而躺在这里呢？""因为我已经钓够今天所需要的分量了。""可是，现在时间还早，你为什么不再多钓一些鱼呢？""这些鱼足够我的家人享用了。""那你剩下来的时间做什么？""我会为家人亲自下厨，或躺在吊床上睡一个甜美的午觉，或者就像现在这样，躺在渔船上欣赏蓝天、白云，还可以带家人去郊游……"

"真是一个愚蠢的人！如果我是你，我一定会钓更多的鱼，挣更多的钱，然后买更大的船和更大的渔网，这样的话，你就可以挣到更多的钱了。如此循环往复下去，你就一定会成为像我这样有钱的富翁。""真的吗？达到这样的目标，大约需要多长时间呢？""大概需要 20 年吧，或许需要更长的时间也说不定。""然后呢？""然后，你就可以充分地享受人生了。不仅可以在宽敞明亮的别墅厨房里亲自为家人下厨，而且还可以躺在吊床上睡一个甜美的午觉，或者像现在这样躺在渔船上欣赏蓝天、白云，带着家人去郊游……"

这个故事很像有关"幸运四叶草"的传说。

传说夏娃把"四叶草"带出了伊甸园，因为它极其罕有，而且是幸运的象征，如果你能在"三叶草"中发现一片"四叶草"的话，就会获得意想不到的幸运。

正因如此，人们才总是对身边随处可得的幸福熟视无睹，而一味地去追求所谓的幸运。传说在"三叶草"里发现一株"四叶草"的概率大约是十万分之一，正是这种罕见使得人们渴望"四叶草"所象征的幸运。结果，人们不辞辛苦地在草原或山林中寻找它们的踪影，却往往一无所获。这正如在现实生活中，人们为了寻找幸运而付出漫长的人生代价一样，都是一些愚蠢的行为。

挪威作家乔斯坦·贾德曾经说过："所谓寻找幸福，

就犹如发现蓝天一样简单。"此外,《红头发安妮》中有句话是这么说的:"所谓真正的幸福并非一定要发生惊天动地的改变,而是将朴实、平凡、快乐的每一天像串珍珠一样串联起来。"

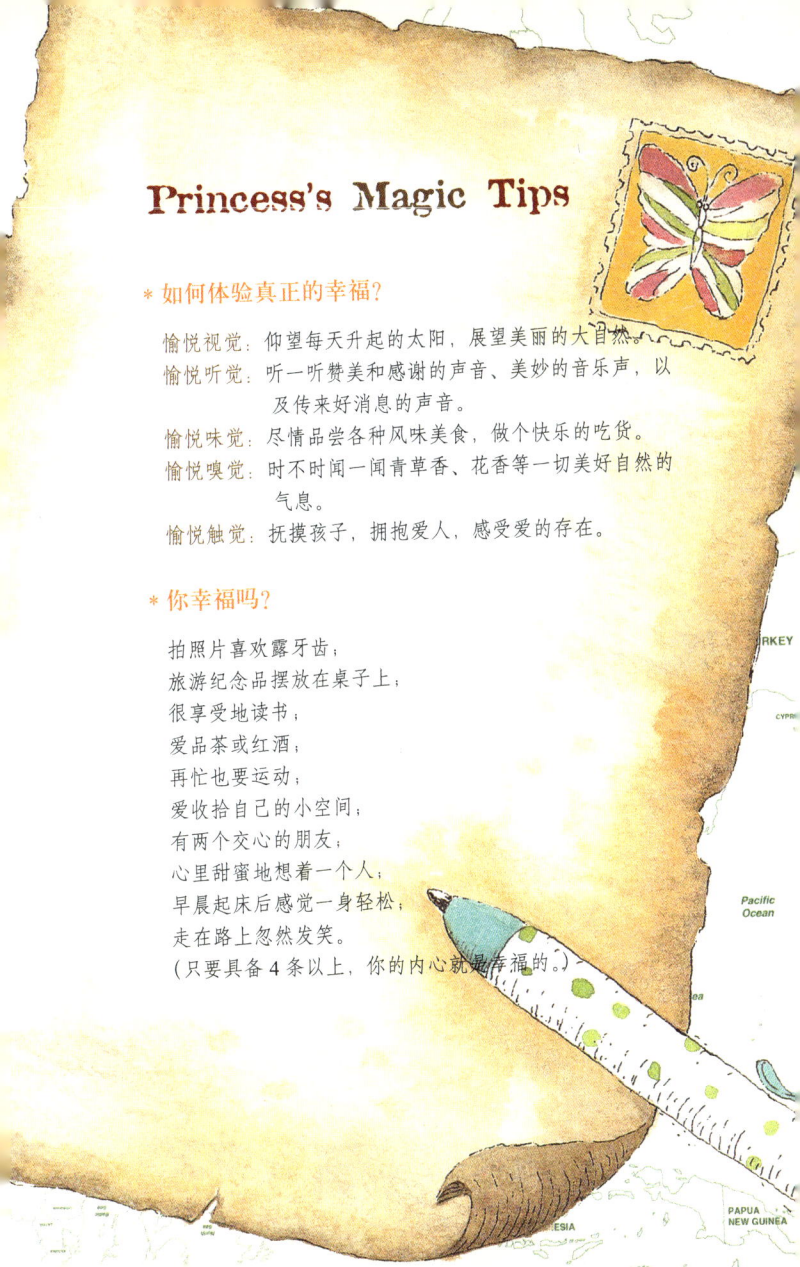

Princess's Magic Tips

* **如何体验真正的幸福?**

愉悦视觉：仰望每天升起的太阳，展望美丽的大自然。
愉悦听觉：听一听赞美和感谢的声音、美妙的音乐声，以及传来好消息的声音。
愉悦味觉：尽情品尝各种风味美食，做个快乐的吃货。
愉悦嗅觉：时不时闻一闻青草香、花香等一切美好自然的气息。
愉悦触觉：抚摸孩子，拥抱爱人，感受爱的存在。

* **你幸福吗?**

拍照片喜欢露牙齿；
旅游纪念品摆放在桌子上；
很享受地读书；
爱品茶或红酒；
再忙也要运动；
爱收拾自己的小空间；
有两个交心的朋友；
心里甜蜜地想着一个人；
早晨起床后感觉一身轻松；
走在路上忽然发笑。
(只要具备4条以上，你的内心就是幸福的。)

Princess's Wise Saying

世间最好的感受
就是发现自己的心在微笑

幸福犹如香水，不往自己身上洒几滴就很难感染别人。

（爱默生）

幸福，不是长生不老，不是大鱼大肉，不是权倾朝野。幸福是每一个微小生活愿望的达成。当你想吃的时候有得吃，想被爱的时候有人来爱你。**（电影《飞屋环游记》）**

无论是赏心悦目的事物，还是实实在在的东西，我们从中获取幸福的关键似乎取决于这样一个事实，那就是我们必须首先满足自己情感或心理上的一些更为重要的需求，诸如对理解、爱、宣泄和尊重的需求。**（阿兰·德波顿）**

洗一个澡，看一朵花，吃一顿饭，假使你觉得快活，并非全因澡洗得干净，花开得好，或者食物符合你的口味，主要是因为你心上没有挂碍，轻松的灵魂可以专注肉体的感觉，以此来欣赏，来审定。**（钱钟书）**

对于复杂的生活，人们怨天怨地，却不肯简化。心为形役也是自然，哪一种形又使人的心被役得更自由呢？（**三毛:《简单》**）

我曾经历了许许多多，现在，我似乎明白了什么是幸福，在乡下恬静的隐居，尽可能对人们做些简单而有用的善事。尽管人们并不习惯我为他们做了这些，做一份真正有用的工作，最后休息，享受大自然，读书，听音乐，爱戴周围的人，这就是我对幸福的诠释。（**电影《荒野生存》**）

我知道，潮汐有升有落，也知道，幸福不能永远停留。可是当它满满呈现面前的时候，我唯一该做的事，就是安静地坐下来，观察它，享受它和感激它。生命的用途并不在长短而在于我们将会怎样利用它。许多人活的日子并不多，却活了很长久。（**蒙田**）

获取幸福的错误方法莫过于追求花天酒地的生活，原因就在于我们企图把悲惨的人生变成接连不断的快感、欢乐和享受。这样，幻灭感就会接踵而至；与这种生活必然伴随而至的还有人与人的相互撒谎和哄骗。（**叔本华**）

好事与坏事都不曾既定，但不同的思想却可以导致相应的结果。

(莎士比亚)

乐观创造幸运

"幸运女神"的秘密

当我们遇到每天都很开心的人时，心里总会产生疑问：他怎么看起来一点烦恼都没有呢？每个人都希望自己是一个开心的人，但事与愿违，漫长的人生中总会出现这样或那样的不愉快，我们到底应该怎样做，才能像某些人那样天天都有一个好心情呢？

要想变得开心，最重要的莫过于保持积极的心态。正如美国心理学家威廉·詹姆斯所说的那样，变得开朗的首要秘诀就是装作很开朗。如果你选择积极的思考方式，你的人生就会变成积极主动的人生，你将真正地把握自己的命运，除此之外，还有许多意想不到的好事会降临到你的身上。

从前，有一个特别幸运的女孩，朋友们都称呼她为"幸运女神"。当她用平时积攒的零用钱去百货商场购买自己心仪已久的商品时，那天就会正好赶上打折；考试的时候，试卷上的题目正好在她的复习范围之内；她还总能碰到特别好的班主任老师……似乎天底下什么幸运的事情都能让她碰到。我很喜欢她的洒脱，并且觉得只要跟在她的身边，就能沾上她的幸运，所以总是和她形影不离。

后来和她相处久了，我才发现其实她的人生也并非一帆风顺，只是每当逆境或挫折来临的时候，她总能坦然面对，坚信所有的苦难和挫折都是短暂的，并相信一切都会过去，好运就在不远的将来；当身处顺境时，她总不忘说一句"我太幸运了"。

仔细想来，其实我的运气也不比她的差。只不过当好事降临到我身上的时候，我从来都没有意识到自己是幸运的。相反，当不幸降临时，我总是不忘抱怨："为什么偏偏让我遇到这种事情？我真是倒霉透了。"于是，我的幸运就这样被满腹牢骚遮住了……

明白了这个道理以后，我开始用乐观的心态接受发生在自己身上的一切。没想到，当我改变思考方式的时候，突然发觉以前从未注意到的发生在自己身上的事情竟是那么美妙。更加神奇的是，看起来很小的一件事情竟然也能给我带来惊喜的感觉。现在，我才明白，原来幸运不是等来的，而是自己创造的。

消极的想法是吞食人生幸福的害虫

某银行的全体职员去开研讨会，社长下达了一个指示：每个职员都必须在旁边的 100 个包袱当中选择一个，并且在两天的研讨会期间都要拎着。

伊凡是一个每天都抱怨不断的老姑娘，她一直认为自己是一个很倒霉的人，对什么事情都感到烦躁。按照社长的指示，伊凡也拿了一个包袱，觉得这个包袱比想象的重。看着那些拎着包袱谈笑风生的其他职员，她觉得自己拎的包袱一定是最重的。这样想着，她心里很不开心地重复抱怨着：我怎么总是这么倒霉，真希望研讨会早一天结束。

夜里，大家都睡着后，伊凡悄悄地去了堆着包袱的地方。摸着黑，她一个一个地拎着试，终于找到了一个最轻的包袱，然后她在上面做了一个只有自己才知道的记号后，就回去睡觉了。第二天早上拿包袱的时候，伊凡第一个冲了上去，拎起自己昨晚做了标志的包袱。然而，她惊奇地发现，这个包袱正是前一天她自己一直拎、却时时抱怨太沉的那一个。

在美国拉斯维加斯学习酒店管理的克里斯汀有一个在服装企业做副社长的父亲和一个在清潭洞经营一家美容院的妈妈。在别人眼里，她是一位非常幸运的女孩，不仅长得漂亮，而且学历又好，再加上响当当的家庭背景，不知道有多少人羡慕她。

可是，什么也不缺的她却看不到自己的优势，看不到别人对自己的羡慕。她对自己极不满意：外在条件上，她总是抱怨自己的个子为什么没有模特那么高；吃饭的时候，她害怕多吃一点就发胖，常常不敢多吃；在学习上，她自己不用功，却担心考试考不好，不能毕业……被这些想法不断困扰着的她每天都过得很阴郁。因为从来不对自己所拥有的感到满足，所以心里总有很多抱怨。在别人看来应该很幸福的她一点都不幸福，连那些因她的美貌而接近她的男士们也总是熬不过 3 个月就离开了她。

在人的一生中，谁不会碰到一些不顺心的事情呢？偶尔产生一点郁闷是正常的，但总觉得自己运气不好、很倒霉的人就有问题了。其实，想法都是自己想出来的，而那些不好的想法自然也是自己想出来的。

洛克医生说过："有一种病比癌症更可怕，那就是常常抱怨和不满。"乐观的人能在所有的困境中看到机会，而悲观消极的人即使身处千载难逢的机会当中，也只能看到困难。

消极的想法就像传染病，如果你的周围有一些时刻都很消极的人，请远离他们吧。如果长时间待在他们身边，你也会在不知不觉中陷入否定的思维。所以，尽可能地和那些乐观的人交往吧。另外，你还要远离那些对你想做的事一味地说"那是行不通的，那是不可能的"的人，他们说的话绝对不是为你好，因为真正为你担心的人，是会给予你"激励"和"忠告"的人。

减压小良方

在现实生活中，我们会面临来自各方面的压力。感到压力的人一般会有这些特征：经常冲动地作决定；只会找那些感觉舒适的东西；喜欢外出就餐；没有尝试新方法的意识；在购物的时候，总是执著于名牌。你可以借此检视一下自己有没有这方面的倾向。

想始终保持乐观的心态，还要借助一些方法减轻压力才行。一般来说，消除压力最具有代表性的方法有两个：一是减少自己对某件事情的期望；另一个就是改善自己的现实状况。除此之外，我还要特别为大家介绍10种减压的方法。

第一，如果想哭，就拼命地哭出来吧，然后再重新站起来。

第二，如果不想做一件事情，千万不要强迫自己。

第三，利用闲暇时间，一边散步，一边享受花草树木的香气。

第四，克服贪欲。法顶大师说："如果那个山是我的，我还能这样舒服地欣赏它吗？"

第五，在每天早上或晚上睡觉前，作一次简短的祈祷可以减少压力和荷尔蒙的分泌。

第六，如果感到非常烦躁，就停下手中的事情，安静地坐一会儿吧。

第七，如果精神紧张，无法放松，可以去看一场体育比赛。尽情地加油呐喊，赛场上人与人之间互动的乐趣和人们的热情都有助于放松精神。

第八，不要一次性制订出很多计划。只要每天确定一些今天能做的事，然后做好就可以了。

第九，放弃事事追求完美的想法。对于女人来说，在特别的那几天里，更容易感到压力。另外，在结婚或旅行的前一天，原本应该幸福的日子，却会因为一味地追求完美而让自己受到更多的压力。所以，放弃那些无谓的想法吧，好好地享受一次旅行。

　　第十，试着做腹式呼吸。心里想着自己正在吸收新东西，排出旧东西；吸收谅解，排出愤怒。这样的话，你才能吸收快乐，吐出烦躁。

Princess's Wise Saying

无论事情变得有多坏
相信总会有一些美好即将来临

好事与坏事都不曾既定,但不同的思想却可以导致相应的结果。(莎士比亚)

心脏是一座有两间卧室的房子。一间住着痛苦,另一间住着欢乐。人不能笑得太响,否则笑声会吵醒隔壁房间的痛苦。——那么欢乐呢?高声诉苦是否也会吵醒欢乐?——不会。欢乐耳朵不好,它听不见隔壁房间的痛苦。

(卡夫卡:《箴言》)

生活中只有一种英雄主义,那就是在认清生活真相之后依然热爱生活。(罗曼·罗兰)

如果你的行为散发的是快乐,就不可能在心理上保持忧郁。这个小小的真理可以为我们的人生带来奇迹。

(戴尔·卡耐基:《人性的弱点》)

我觉得生命是一份礼物，我不想浪费它；你不会知道下一手牌会是什么，要学会接受生活。

（电影《泰坦尼克号》）

别难过，世间都是这样的，不管走到哪里，总有令人失望的事情。一旦碰到，我们就很容易过度悲观，把事情看得太严重。放心，闭上眼，睡一觉，说不定明天就会有新鲜的事儿发生。**（萨丰：《风之影》）**

我们不能抵挡小鸟从头顶上飞过，但是却可以阻止它在我们的头顶上搭窝。坏想法如同飞过头顶的小鸟一样不可抵挡，但是不让坏想法在头脑中萌生却是每个人都可以做到的。

（马丁·路德·金）

当你的心真的在痛，眼泪快要流下来的时候，那就赶快抬头看看，这片曾经属于我们的天空；当天依旧是那么的广阔，云依旧是那么的潇洒，那就不应该哭，因为我的离去，并没有带走你的世界。

（E.M.福斯特：《看得见风景的房间》）

真正有大智慧和大才华的人，必定是低调的。才华和智慧像悬在精神深处的皎洁明月，早已照彻了他们的心性。他们行走在尘世间，眼神是慈祥的，脸色是和蔼的，腰身是谦恭的，心底是平和的，灵魂是宁静的。正所谓，大智慧大智若愚，大才华朴实无华。

（马德：《低调》）

谦卑的力量

谦卑是一种睿智

谦卑是一种睿智。它不是在地位高一等的人面前畏首畏尾。正是因为许多人无法真正理解它的含义,所以才变得虚荣、自负,正如牛顿晚年时说过的一段话,很多人都不能理解一样。他说,在科学面前,我只是一个在岸边捡石子的小孩。其实,他并非在假装谦虚,而是在感叹自己的一生。牛顿穷尽毕生之力,终于看到了宇宙的浩瀚无际,但同时也看到了自己的局限性。也就是说,知识无边,谁也不可能全通,即使有所成就,也不过是沧海之一粟罢了,怎能以此作为炫耀的资本呢?何况山外有山,人外有人!

珍妮是一个长得很漂亮的女人,她最大的愿望就是嫁给一个条件优越的男人。后来,她终于如愿以偿,嫁给了一位收入颇高的医生。自从嫁给了梦想中的男人以后，她就不再工作了，平时经常开着高档车，穿着名牌衣服，四处炫耀自己的富裕。

初中同窗会即将举行，对于珍妮来说这可是一个展示富裕的绝好机会，她每天都翘首企盼聚会的日子。聚会那天，她特意雇用了一个司机专门为自己开车，当她以夸张绚丽的服饰入场时，久违的同学们都围着她，纷纷恭维她的幸福生活。看到同学眼中流露出的羡慕神情，珍妮的虚荣心得到了前所未有的满足。

在珍妮的同学中，秀雅是一个非常低调的人，这是她毕业后第一次参加同窗会。秀雅从小家境贫寒，学习一直很努力，每年都获得全校第一名的好成绩，而珍妮的成绩却远远不如秀雅。因此，珍妮把秀雅作为重点炫耀对象，自以为优越的她甚至怂恿一些同学疏远秀雅。不仅如此，珍妮还故意当着秀雅的面不断夸耀自己的丈夫，称丈夫每月给自己带来多么丰厚的家用，而且不久之后自己也要到医院上班了……

这时，有同学问秀雅在哪里就职，她只是很平淡地说自己就职于一家医院。但是后来，大家得知她正是珍妮丈夫所在医院的副院长，于是，大家都开始用诧异而又崇拜的目光打量起秀雅。正是因为她从来都不炫耀自己的成就，大家才不得不用钦佩和欣赏的眼光重新审视这位昔日同窗。

自从那次聚会后，大家争相邀请秀雅参加自己的家庭聚会。珍妮的自尊心受到了极大的伤害，为此，她开始催促丈夫换一家医院工作。

谦卑不仅可以使人焕发美丽的光彩，还可以使人看起来更有亲和力，甚至超凡脱俗，这就是谦卑的力量。谦卑的人最有人气，因为人们喜欢与谦卑的人相处。

苏珊是一家公司的职员，自去年夏天到欧洲旅游了半个月之后，便自称是欧洲通。每当同事们稍微谈及有关欧洲的话题时，她都以"德国怎么怎么样，而瑞士却怎么怎么样"的方式长篇大论，进而像专家一样对各国风俗人情评头论足。久而久之，同事们对她那老生常谈的话题感到了厌烦。

有一次，公司决定派一位德语翻译跟随考察团出国考察。苏珊的专业是德语，也曾去过德国，所以她自信这次一定非她莫属。因此，在名单还没公布时，她就到处炫耀出国机会的难得，仿佛自己已经被选上了一样。她的心早已飞到了德国。但是结果却让她大吃一惊，最终被指定派往德国的人并非苏珊，而是新进公司的职员——丽莎。

苏珊无论如何也不能相信这样的结果，准备向领导据理力争。然而，当苏珊明白了丽莎获选的原因后，立刻打消了上述念头。原来丽莎不仅在德国读完了初高中，还精通英语和法语。苏姗一想起自己曾在丽莎面前滔滔不绝地卖弄在德国的所见所闻就尴尬不已，真想钻进地缝里。从那时起，公司同事们便对丽莎刮目相看，而她深藏不露的才华也开始散发光彩。

总之，一个人的实力到底如何只需要用行动证明，而不是巧言令色地炫耀。只要有真功夫，人们自然会被她的能力与才华所吸引，并给予肯定。俗话说"是金子总会发光的"，说的就是这个道理。因此，要想成为一个真正有魅力的公主，我们就必须懂得如何谦卑。

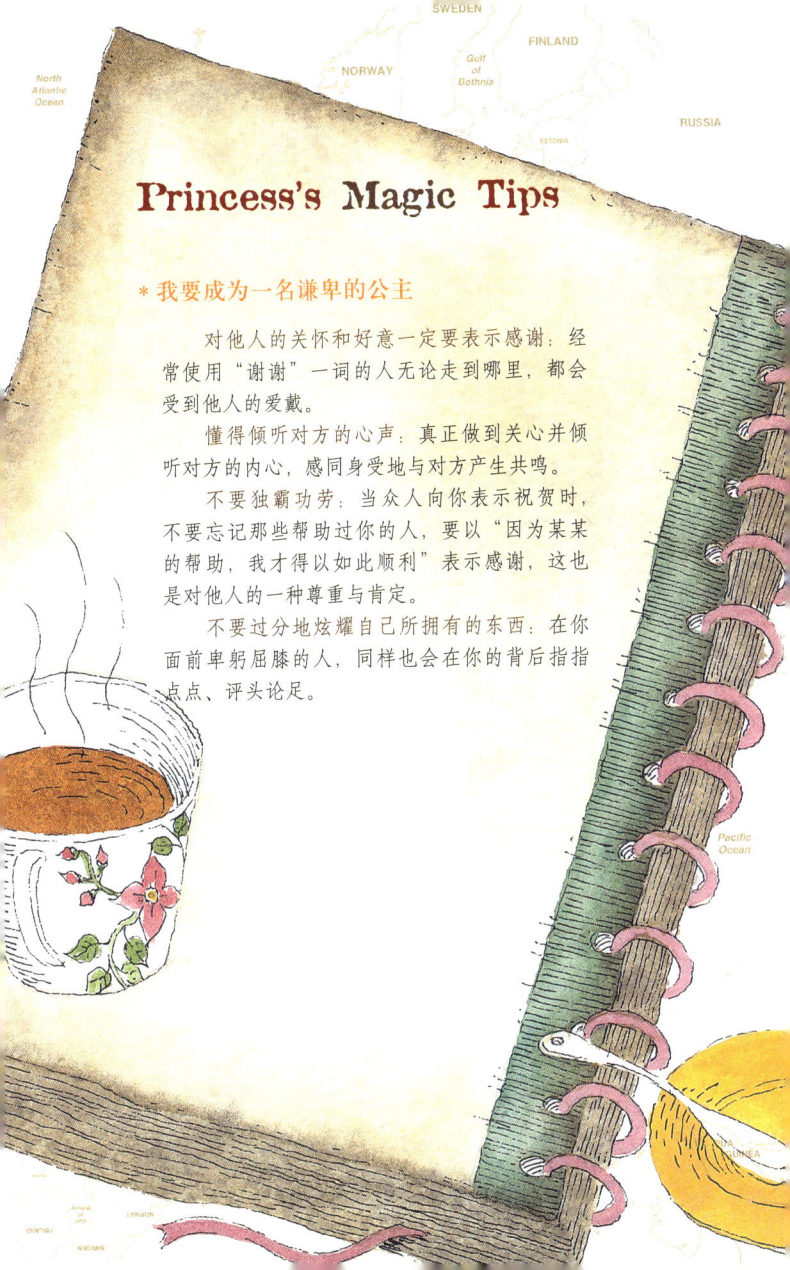

Princess's Magic Tips

＊我要成为一名谦卑的公主

对他人的关怀和好意一定要表示感谢：经常使用"谢谢"一词的人无论走到哪里，都会受到他人的爱戴。

懂得倾听对方的心声：真正做到关心并倾听对方的内心，感同身受地与对方产生共鸣。

不要独霸功劳：当众人向你表示祝贺时，不要忘记那些帮助过你的人，要以"因为某某的帮助，我才得以如此顺利"表示感谢，这也是对他人的一种尊重与肯定。

不要过分地炫耀自己所拥有的东西：在你面前卑躬屈膝的人，同样也会在你的背后指指点点、评头论足。

Princess's Wise Saying

谁穿上谦卑这件衣裳
谁就是最美最俊的人

真正有大智慧和大才华的人，必定是低调的。才华和智慧像悬在精神深处的皎洁明月，早已照彻了他们的心性。他们行走在尘世间，眼神是慈祥的，脸色是和蔼的，腰身是谦恭的，心底是平和的，灵魂是宁静的。正所谓，大智慧大智若愚，大才华朴实无华。（马德：《低调》）

在等待的日子里，刻苦读书，谦卑做人，养得深根，日后才能枝叶茂盛。（星云大师）

当你意识到自己是个谦虚的人的时候，你马上就已经不是个谦虚的人了。（列夫·托尔斯泰）

一个真正认识自己的人，就没法不谦虚。谦虚使人的心缩小，像一个小石卵，虽然小，而极结实。结实才能诚实。（老舍）

当我们大为谦卑的时候，便是我们最近于伟大的时候。（**泰戈尔**）

伟大的人是绝不会滥用自己的优点的，他们看出自己超过别人的地方，并且意识到这一点，然而绝不会因此就不谦虚。（**卢梭**）

谦逊基于力量，高傲基于无能。（**尼采**）

我们各种习气中再没有一种像克服骄傲那么难的了。虽极力藏匿它，克服它，消灭它，但无论如何，它在不知不觉之间，仍旧显露。（**富兰克林**）

我们有望得到的唯一的智慧，是谦卑的智慧：虚怀若谷。（**艾略特**）

人所具备的智力仅够使自己清楚地认识到，在大自然面前自己的智力是何等的欠缺。如果这种谦卑精神能为世人所共有，那么人类活动的世界就会更加具有吸引力。（**爱因斯坦**）

罗斯玛丽修女在路边见到了一名正在沿街乞讨的衣衫褴褛的少女,她望着眼前的少女,抑制不住内心的悲伤,忍不住对上帝提出了质疑:"上帝啊,眼前的少女这样可怜,你怎么可以不管她呢?你为什么连一件事情都没有为她做呢?"上帝回答道:"我已经为这个少女做了一件事情,那就是创造出了你。"

从内心深处散发幽香

敞开自己的心灵之门

1925年的纽约街头,有一位绅士怀揣众人捐献的1.5万美金急匆匆地朝医院走去。不幸的是,当这位绅士走进一条胡同的时候,遇到了强盗。凶狠的强盗用刀逼着绅士,开始搜身,没怎么费劲就找到了藏在绅士怀里的那些钱。

一时间,绅士感到万念俱灰,口里喃喃地告诉强盗,那些钱都是众人捐献的,他需要马上把钱送到医院里去救治那些可怜的患者。强盗看了他一眼,大叫晦气,将钱如数地还给了绅士,还从自己身上掏出10美元一并交给了绅士。

由此可见,能够捐献钱财的人并非只有富豪,每个人都可以尽一份微薄之力。请你观察一下自己的房间吧!那些不再穿的衣服、毫无用处的玩具、多得数不过来的文具……不仅堆在家里占地方,而且完全是累赘。如果我们能将那些不用的东西送给急需的人,那该是一件多么有意义的事情啊!

让我们现在就立即行动起来吧!首先,打开衣柜,将那些3年之内都没有穿过的衣服拿出来整理一下,然后送到附近的孤儿院或捐献机构。另外,再挑出所有已经落上灰尘的书籍,送到附近的图书馆里。做好这一切后,想象着它们可能发挥的作用,肯定会让你产生莫大的成就感。这些事情对我们来说只是举手之劳,但如果可以帮助那些需要帮助的人,我们所做的一切不是很有意义吗?

我的父母经常对我说,如果你一次也没有帮助过别人,你就不可能拥有完美的一生,即使你获得了某种成就也同样如此。也就是说,如果你没有一颗帮助别人的心,那么即使取得了成功并非是真正的成功,因为你无法体会到人生真正的快乐。

帮助别人并非只是给予别人物质方面的东西,将自己的心灵之门向别人敞开也是对别人的一种帮助。

我能认识到这一点,主要得益于5年前我在大田市郊公交车终点站遇见的一个门卫。至今他仍然是那里的一名普通门卫。每次见到他,我都从心里感到高兴,也总是为他感到可惜。

他是一位患有轻度智障的大叔。每天天刚一亮,他就站在大田市郊区公交车终点站的入口处,给别人打开出租车车门。他这么做并不是因为别人会给他多少钱,更不是因为有人强迫他这么做。人们都以为他很快就会放弃,却没想到他竟然坚持了数年。每逢寒冬腊月,我一看到这位大叔,心里都会感到很痛。

有一次,我特意买了一杯温热的饮料,悄悄走过去递给了他。大叔惊讶地望着我,片刻后无言地接了过去,我也没说什么就转身走了,因为实在不忍心看到他那双真诚的眼睛。但没走多远,我就禁不住回头向他张望,结果我看到了一幕非常温馨的场面。只见那位大叔将吸管插入饮料杯里,顺手递给了一位坐在停车场附近卖菜的老奶奶。老奶奶看起来很感动,但她却连连摇手拒绝,而大叔却执拗地把饮料杯递了过去。最后,老奶奶既无奈又高兴地接过饮料杯喝了一口,大叔出神地望着老奶奶喝饮料的样子,然后一脸笑容地回到原来的位置,继续帮别人打开车门。

虽然我不清楚那位老奶奶和大叔的关系,但他们的举动让我深受感动，大叔在我心里的形象变得更加高大了。我忽然想起了这么一句话：帮助残疾人的人反而会从残疾人身上学到更多的东西。所以，现在我只要一想起那位帮助老奶奶的好大叔，就会不由自主地为以前只知道抱怨的自己感到羞愧。我从大叔身上学到了一样珍贵的东西，那就是快乐。从此以后，我每次去大田市，都尽量乘坐高速公交车，因为这样我就可以再次见到那位好心的大叔了。

只要你能够敞开心扉，世界便会教给你很多东西。无论是用物质还是用心灵帮助弱势群体，都是一种表达善意的方式，没有孰优孰劣之分。再昂贵的高级香水，它的香气也不会比从美丽的心灵深处所散发出来的幽香保持得更持久。所以，对于一个女人来说，拥有美丽的心灵才是最重要的。

怀有一颗美丽的心灵

一级方程式赛车手阿伊尔顿·塞纳以其勇敢和智慧驰骋赛场 10 年，创造了不俗的成绩，成为当代世界最优秀的赛车手，被誉为"赛车王子"。同时，他也是巴西人民心目中的英雄。他 41 次夺走了原本属于欧洲人的 F1 冠军奖杯,将希望带给了巴西人民。然而,这并不是他被人们称为英雄的理由。

有一次,狗仔队偶然拍摄到了一张有关他的照片,在那张照片上,塞纳孤身一人把堆满了面包等食物的木筏划进亚马逊河流域的贫民地区。因为对贫苦人民怀有的慈悲之心,他才被广大人民称为真正的英雄。

1998 年 5 月的一天,在墨西哥城的某个地方,正举行着一位摔跤选手的告别赛。这位摔跤选手被人们称为"暴风修士",因为他每次参加比赛都戴着一个黄色的假面具,并且连续 23 年总是以极快的速度和高超的个人技巧赢得比赛。如今,"暴风修士"已是一个 50 多岁的中年人,因身患疾病,他准备告别摔跤场。

他一站到台上,现场的观众们就立刻同时起立,向他送去充满热爱与尊敬的掌声。他看着热爱自己的观众,告诉大家他为摔跤迷们准备了最后的礼物,听到他的这句话后,观众的掌声逐渐消失了。"暴风修士"向下面的观众席环视一周后,缓缓地将自己的面罩脱下来。这是他第一次脱下面罩,并且之前谁也不知道他会这么做,因为他们已经习惯了他的这个形象,此时此刻,全场观众都在惊奇和疑惑中屏息观看着,等待着……

"大家好,我是信奉天主教的一名神父,叫贝尼特斯。自从参加职业摔跤赛以来,我为自己能在经济上帮助孤儿院而感到由衷的高兴。看着那些孩子们为了自己的梦想而努力时,我更为自己感到骄傲,而这些都多亏了各位的爱戴才得以实现,所以,我衷心地感谢你们,是你们让我实现了自己的人生价值。"

"暴风修士"脱下面罩后,深情地说了这番话。他的话音刚落,片刻的寂静后很快就响起了比刚才更加猛烈的经久不息的掌声。后来,大家才知道,在这23年里,贝尼特斯神父一直依靠隐藏自己的身份参加职业摔跤赛,他用自己获得的奖金照顾了3 000多名孤儿,使他们度过了快乐的童年。

无论是谁,只要对别人心存一颗慈悲心,就会得到别人的尊敬和热爱。无论是没钱的穷人,还是腰缠万贯的富人,都可以尽自己的一份力帮助别人。而在帮助别人的同时,你还可以从中得到更多的东西,你会发现生活变得更加多姿多彩了。

洛克菲勒曾是世界首富,拥有家产无数。然而在他53岁时，医生却诊断出他只剩下一年的寿命。这对于一个费尽心力、体力的富翁来说，无疑是一个巨大的打击。

洛克菲勒遭受如此变故，跟他的性情是分不开的。自从他成了有钱人后，就日夜担心别人会夺走他的财产，甚至连睡觉时他都战战兢兢，从来没有好好地睡过一个觉。随着他的财产越来越多，他的身体越来越瘦削，并患上了皮肤病。医生的诊断结果出来后，人们都将他视为将死之人，而此时，他自己却顿然醒悟，认识到一直被他视为珍宝的金钱其实并不是自己人生的全部。于是，他决心在离开人世之前为社会做一件好事：用自己巨额的资产设立了洛克菲勒财团，并开始着手进行慈善事业。

他很快就从担心别人抢走自己的财产、有人比自己更富有等紧张的情绪中脱离了出来。结果，被医生诊断为只能活54岁的洛克菲勒竟然活到了98岁，而且一直受到人们的尊重。他一手创立的洛克菲勒财团至今仍然存在。

这些人让我们大受感动，至今都难以忘怀，并不是因为他们的金钱和名誉，而是因为他们都怀有一颗慈悲心，愿意将属于自己的东西毫不吝啬地分给别人。当然，他们同时也收获了千金难买的快乐。

　　一个漂亮的女人，她使用再名贵的香水，芳香也有褪去的时候；而一个拥有美丽心灵的女人，她内心深处散发出的幽香却可以经久不褪。因为有一颗美丽的心灵，所以才显得更加美丽。让我们都成为内心深处散发无限幽香的女人吧！

Princess's Magic Tips

* 如何成为拥有美丽心灵的女人

经常说"我爱你"和"谢谢"。

时常将微笑挂在嘴边。

对待弱小、需要帮助的人无比温柔;对待欺软怕硬、恃强凌弱的人无比强硬。

像大树一样站在原地,下雨时为别人遮风挡雨,烈日炎炎时为别人带来一丝清凉。

用如火一般炽热的心灵融化冰雪;用如钢铁一般冷酷的心灵浇灭来势凶猛的烈火。

沉默时如淑女般恬静,谈话时如公主般优雅。

生气时会表现得异常冷静,这并不是强忍怒气,而是表示理解和宽容。

给人以新鲜的感觉,因为智慧和善良而变得愈发美丽。

喜欢去陌生的国度旅行,并以此丰富自己的知识。

相信人生就是一场宴会,穿美丽的衣服,和别人毫无顾虑地聊天,期待明天发生奇异的变化。

当遭遇突如其来的暴风骤雨时,最先考虑的不是裙子会不会淋湿,而是冒雨帮助路边的残疾生意人收拾摊位。

犹如一块洁白无瑕的玉,用自己的色泽和品质感染着四周。

  似乎大部分人都认为，人生就是一场竞赛，所以只会为了尽快到达目的地而疲于奔命，根本无暇留意路途中那些美好的景色。然而，在竞赛快要结束的时候，他们才恍然大悟，之前所做的竟是一些毫无意义的事情，而自己却已经老了。

(琴·韦伯斯特：《长腿叔叔》)

珍惜人生的每一个"现在"

享受当下的每个瞬间

有一次,我和朋友们一起驾车去旅行,目的地是两天后将要到达的纽约。因为是长途旅行,所以身体疲惫不言而喻,一路上都靠着"一定要到达"的信念来支撑。我们轮流驾车,连续行驶了三十几个小时。最后,我们终于因为疲倦和烦躁而彼此乱发脾气,甚至只是为了芝麻绿豆大小的事情,也吵得脸红脖子粗。于是,我们每个人只想赶快到达目的地,因为我们一致认为,只要到了纽约,这种烦躁感就会马上消失。

可是,等我们终于到达了纽约时,遇到的一些事却远远不如我们当时所期待的那样(当然,现在我已经无比热爱纽约这个城市了)。住宿费和停车费贵得令人咋舌,严重的交通堵塞几乎让我们的车寸步难行。更让人感到郁闷的是,我们放在车上的包竟被人偷了!

当时，我脑子里冲出来的第一个想法就是：快点远离这座城市，最好在一瞬间就能到达我们的下一个目的地——加拿大多伦多。所以不久之后我们就开始了下一个"长途跋涉"。在去多伦多的路上，我只觉得内心烦躁，第一次对这次旅行产生了后悔的念头。就在这个时候，我忽然想起了伊利诺伊州立大学朴道英教授所说的话："为了达到自己的目标而努力固然重要，但更重要的却是，努力的过程和途中美好的事物。"

于是我又回想起曾经的自己：留学前，想着只要能去留学就好；成功留学后，就想快点通过托福考试，然后早点上大学；上大学后，我又失去了之前曾经热切盼望大学生活的心情，开始执著地构思新的未来。期末考试结束后、领到学位证书后、成功就业于那个公司后……这些想法不时地出现在我的脑海里，让当时的我烦恼不已。更让我感到惶恐的是，当我逐一实现自己的愿望时，并没有感到特别的兴奋，更没有留下难忘的记忆。因为在争取胜利的过程中，我忽视了自己的努力，只想着成功的那一天。而当那一天真的来临时，我却没有感到格外的惊喜。

在去往多伦多的路上，我终于明白了"只有用心体会努力中度过的每一天，最终取得的成功才更有价值"这个道理。之后，我就改变了心态，开始珍惜这一段旅途。正如教授曾经说过："我要努力做到，不是为目标而忍受当下，而是为了目标而享受当下的每一个瞬间。"

我将自己的心得分享给同去的朋友们，她们听了之后也非常赞成，于是都开始享受旅程。一路上，我们既没有快速驾驶，也没有夜以继日地赶路，偶尔遇到一些喜欢的景色时，我们还会在那里逗留一天。那时我们想，即使不能按照预定的时间到达预定的地点又如何？我们又不是和别人竞赛。

自从放下了赶时间的包袱后，我们的内心格外放松，而且还变得更加空灵明净了，平常看来很普通的窗外景色也显得格外怡人。不由得，我对上天和父母产生了一种由衷的感激之情，感谢他们给了我生命，让我拥有健康的体魄和充裕的时间旅行，享受大自然赐予的美丽。从那时候起，我们几个人终于可以心平气和地说话，互相开玩笑了。

真的，过程中自有快乐。

把握今天

汉娜和乔伊是同一所学校音像制作系的同班同学,两人都打算毕业后去美国留学。汉娜一门心思准备托福考试,她想,反正要去留学,现在学的课程以后也用不上。于是,与留学无关的课程她都不再学了,后来索性连平时的功课也是能放则放。她天天打听哪里有关于留学的聚会,然后就像一阵风似的赶过去。

与汉娜不同,乔伊除了格外努力为留学作准备外,其余的功课也仍旧照常。有一天,教授在课堂上问"谁愿意花些时间为大家画出一幅音像机器的设计图"时,乔伊站了起来,说自己非常愿意,这让汉娜大感意外。从那天开始,乔伊几乎住进了音像制作室,大门不出,二门不迈,夜以继日地开始画设计图。

对此,汉娜觉得实在无法理解,于是,她找到了乔伊,问道:"托福考试和其他一些留学准备就已经让人忙得喘不过气来了,而你却在这种毫无用处的地方浪费时间,到底是怎么回事啊?"

对于汉娜的问题,乔伊不慌不忙地回答道:"我目前还是这个学校的学生,而且画完设计图以后可能就没有机会再画了。我不想错过只能现在做的事情。"

一个月后，乔伊终于画出了设计图。在长宽皆达两米的设计图上，音像机器的构造纤毫毕见，充分证明了乔伊的才能。看了她画出来的设计图后，教授连声赞叹，同学们也都叹为观止。

交出设计图后，乔伊就全身心地投入到了托福考试的准备当中。3个月后，乔伊比汉娜更早地通过了托福考试，而她所付出的努力也得到了回报：当初的设计图如今被挂在了学校的走廊上。

你是否也曾因缅怀过去和担心未来而错过眼前的事情呢？从汉娜和乔伊的故事中，我们可以明白一个道理：只有忠实于眼前的任务，才能忠实于明天的任务。

自古以来，大凡有智慧的人，都懂得珍惜现在。据说，托尔斯泰将下面3个问题和3个答案牢牢记在自己的脑海中，伴随了他的一生。这3个问题和3个答案分别是：

谁是最重要的人？现在，站在我面前的人；
什么是最重要的事情？现在，我正在做的事情；
什么时候最重要？就是此时此刻。

世人并不都像托尔斯泰一样明白这个道理，多数人总在不停地后悔，后悔当初没有再努力一点，后悔当初没有对生活再认真一点，后悔当初没有紧紧抓住那个人……无论人们怎样沉浸在失望之中，也无论他们觉得有多么可惜，过去的事情都不可能重来。

　　明天来临时，今天便成了过去，此刻才是我们最应重视和紧紧抓住的时光。在人生中，最重要的不是回忆过去是怎么活过来的，而是想想以后该怎么活下去。与其将来再后悔，不如好好把握今天。自从将"把握今天"作为我的座右铭后，我下定决心绝不错过只能在今天做的每件事情。每天的早课我都必定参加，曾经非常懒惰的我再也没有因为多睡5分钟而迟到过，一日三餐也是次次不落。最重要的是，我再也没有因为不想完成今天的事情而找"明天再做"之类的借口。

　　比利时剧作家梅特林克说过一句发人深省的话："人生就是一本书，从出生到死亡，我们只是日复一日地写着那本书的每一页。"自从明白了"现在最重要"这个道理后，我便觉得自己每天都在为写下书中的一页而奋斗。虽然日子过得艰辛重复，但我坚信，这些充实的"今天"一定会为我点缀出一个美好的未来！

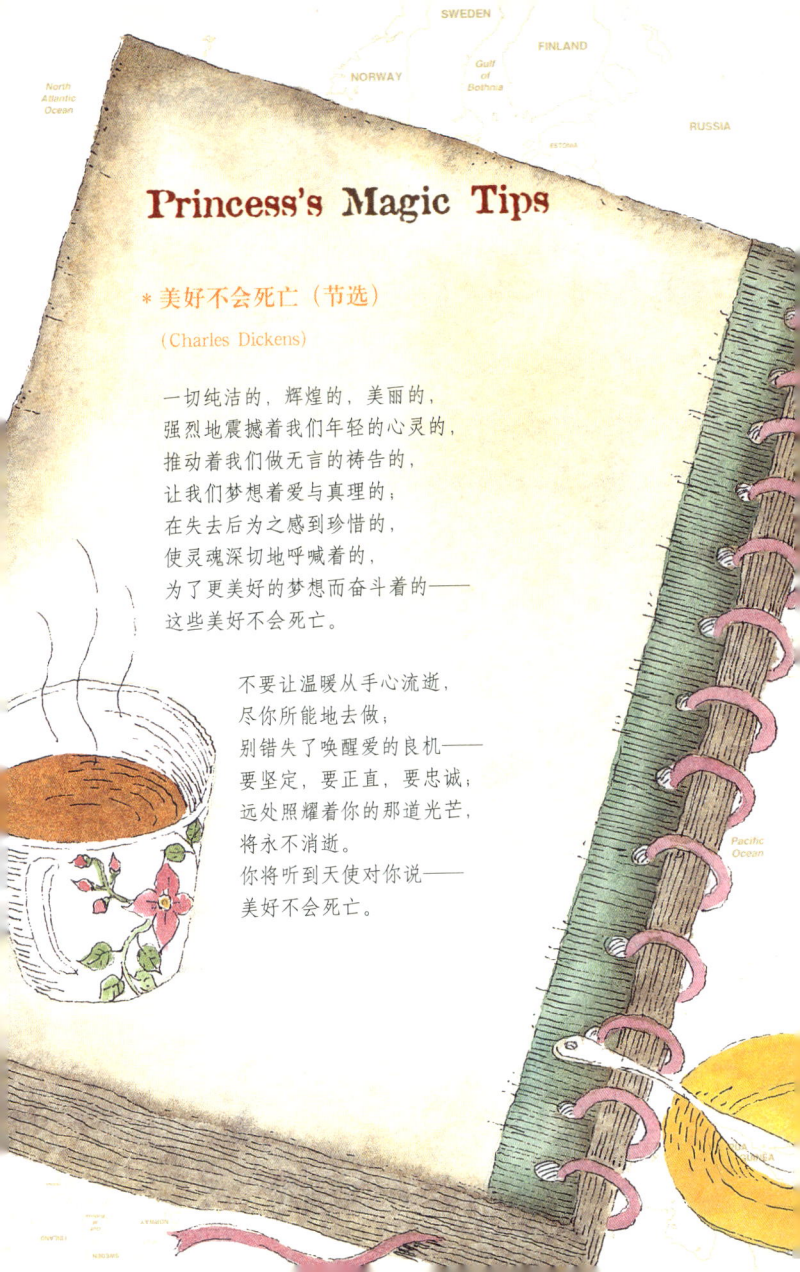

Princess's Magic Tips

※ 美好不会死亡（节选）

(Charles Dickens)

一切纯洁的，辉煌的，美丽的，
强烈地震撼着我们年轻的心灵的，
推动着我们做无言的祷告的，
让我们梦想着爱与真理的；
在失去后为之感到珍惜的，
使灵魂深切地呼喊着的，
为了更美好的梦想而奋斗着的——
这些美好不会死亡。

不要让温暖从手心流逝，
尽你所能地去做；
别错失了唤醒爱的良机——
要坚定，要正直，要忠诚；
远处照耀着你的那道光芒，
将永不消逝。
你将听到天使对你说——
美好不会死亡。

Princess's Wise Saying

生活不是一场赛跑
要懂得好好欣赏每一段的风景

似乎大部分人都认为,人生就是一场竞赛,所以只会为了尽快到达目的地而疲于奔命,根本无暇留意路途中那些美好的景色。然而,在竞赛快要结束的时候,他们才恍然大悟,之前所做的竟是一些毫无意义的事情,而自己却已经老了。

(琴·韦伯斯特:《长腿叔叔》)

人生就是一场未知目的地的旅行,更多的时候,我们并不知道自己接下来会遇见怎样的未来。只不过有时候,我们只是一味地狂奔,却忘记了旅行的意义。

(电影《在云端》)

没有人可以回到过去从头再来,但是每个人都可以从今天开始创造一个全新的结局。(玛丽亚·罗宾森)

人生存在于你所经历的生活中,每天每时每分每秒的生活都是人生。(里柯克)

人生就应该是快乐的,要抓住每一天,孩子们。让你们的生活变得非凡起来。(**电影《死亡诗社》**)

真正珍贵的东西是所思和所见,不是速度。子弹飞得太快并不是好事;一个人,如果他的确是个人,走慢点也并无害处;因为他的辉煌根本不在于行走,而在于亲身体验。

(**阿兰·德波顿:《旅行的艺术》**)

长期以来,我都觉得生活——真正的生活似乎就要开始了。但是,总会有一些障碍挡住去路,一些必须先完成的事情,一些未完成的工作,一些要付出的时间或一些要偿还的债务。之后,生活就会开始了。最后,我突然醒悟过来:这些障碍本身就是我的生活。

(**艾尔弗雷德·苏泽**)

有三件事人类都要经历:出生、生活和死亡。他们出生时无知无觉,死到临头,痛不欲生,活着的时候却又怠慢了人生。(**拉布吕耶尔**)

奴隶是什么梦想也完成不了的，因为他是一个不自由的人，而想要成为完全自由的人，就必须不断地明确自己的自由意识。此外，那些诸如"你不可能坐到那个位置""你不可能成为像他一样的人"等负面影响则可以完全不用理会。若想得到真正的自由，首先要树立得到自由的信心。

（奥普拉）

自由的国度,要靠自己创造

独自踏上旅途

大部分成功人士都有一个共同认识:一个人待着的时候比和众人在一起时更加让人觉得舒服。他们会有这样的共识,并不是因为他们情趣相投,而是因为一个人待着的时候是进行自我启发的最佳时间。让我们勇敢地面对孤独,试着进行某种行动吧!你会发现,自己在不知不觉中已经发生了巨大的变化。

伊芳是我的一位高中同学,她不仅什么事情都做得很好,而且身边还有很多朋友。不过她有一个特点,那就是经常"潜水"。所谓"潜水"不是说她喜欢游泳,而是说她总是突然消失,而每当她再次出现在人们面前时,都会有一些新的变化,比如获得了某个资格证书、成功实现了减肥目标等。一开始,大家都不明白她的做法,后来才知道,原来她这样做是为了给自己创造一个独处的空间，然后致力于改变自己。久而久之，朋友们也都理解她了，就算她不参加集会也不会责怪她，而且当她焕然一新出现时，朋友们还会从她身上受到刺激和启发，从而重新端正生活态度。正因为有着"潜水"这一习惯，她才会显得很优秀，和那些犹犹豫豫、瞻前顾后和只懂得唉声叹气的女孩子完全不同。

以前，我独自一人会吃不下饭，去学院的时候也一定要找个朋友做伴。尤其是集会的时候，如果没有认识的人，我是一概不参加的。可是留学以后，所有的事情都必须要我一个人完成。不仅要一个人吃饭、去剧场，逛街的时候也要单独行动，因为在异国他乡，我认识的朋友屈指可数。

不过，没想到这么一来，我反而很快就适应了孤独的感觉。更让我感到庆幸的是，在国外，一个人吃饭、喝咖啡、看电影是很平常的事情，没有人会觉得奇怪。或许，这也是我很快得以适应这种变化的原因。但不管怎么说，我再也没有"一个人生活会让别人对我的印象大大降低"的感觉了。

事实上，你越是充满自信，就越显得优秀和与众不同。因此，即使需要你单独做某件事情，也大可不必缩手缩脚。迄今我所遇见到的人中，目光最明亮、最有自信的人都是那些背着行囊独自踏上旅程的年轻人。试想，孤寂地坐在草地上，一边吃着三明治一边看书，身边放着一个大背包……这幅画面是多么自由和令人难忘啊！

想象着这样一幅令人充满了向往的图画，你是否也想孤身旅行呢？从杂乱的日常生活中脱身而出、义无反顾地踏上旅途的人才是真正拥有自由灵魂的人。那些内心里很想去、却害怕孤独或埋怨没有同伴的人则是不懂得享受自由的人。一个人如果永远生活在别人的呵护下，就永远不会长大。只有独自踏上旅途，才能看到真正的自己，也看清这个世界。

享受真正的自由

这个世界上真正享受自由的女人不多。所谓自由并不是任意妄为、行为完全不受约束。对于一个女人来说，只有达到了一定高度的修养，才能真正享受自由。那么，我们怎样才能成为享受自由的公主呢？根据我的观察和亲身体会，你需要具备如下特质。

不胡乱插手别人的事情。大多数女人都有喜欢多管闲事的毛病,但谁都不想让别人插手自己的事情。所以,我们应该放弃诸如"自己不能有不知道的事情"的想法。干预别人的事情,除了招人厌烦之外,不会给你带来任何好处。那些默默关注别人的女人,比那些总是想要插手别人事情的女人更有魅力。

不被别人的目光所左右。当别人的目光左右不了你时,你才是真正拥有了自由。所以,对于别人投来的挑衅、不以为然或蔑视的目光,你不必耿耿于怀,更不用唯唯诺诺。你应当无视这些外在因素,自由地行动、自由地生活。不过,自由地生活并不意味着盲目地生活,因为享受自由的同时,也必定要承担起相应的责任。因此,只有勇于承担责任的女人,才是真正优秀的公主。

没有贪欲。如果不是自己的东西,一定不要产生贪念,更不要迷恋别人拥有的东西。是你的,终归是你的;不是你的,再怎么争也不可能是你的。如果产生了贪念,除了加重你的精神压力,带给你无穷无尽的烦恼之外,什么也得不到。有着极高素养的公主就不会产生这种贪念,她们会从另一个角度来考虑,比如,"那些东西不是从我的手中抢走的,我何必要把它抢回来呢?"有一个僧人曾经说过:"拥有的越多,羁绊也越多。"这句话虽然简明,却很有道理,它告诫我们,不要迷恋不属于自己的东西。

拥有自由的灵魂。如果一个人的灵魂不自由,那么即使行为看似自由,也不是一个真正自由的人。只有先把自己变得如空气般自由,别人才想要进入这一团属于你自己的空气中。如果你变得像有毒气体那样沉重,谁还想在你身边逗留呢?每当面对灵魂自由的神秘女子,人们就不由地产生想要守护这种神秘的念头。所以,我们要享受真正的自由,首先就要使自己的灵魂得到自由。

认为人生就是一次旅行。我们的人生之路本来就是一段旅程,我们生活在这个世界上,其实就是在进行一次短暂的旅行。行囊越重,肩膀就越酸,脚步也会渐渐沉重。所以,想要继续旅行的话,背上的包裹就不要太多。

承认人与人之间存在差异。有时候,对于一件事,谁对谁错是无法说清楚的。因此,我们既没有必要因为价值观不同而随意谩骂别人,也没有必要接受别人的漫骂。每个人都有自己的想法和价值观，而每个人的想法和价值观也必定不尽相同。千万不要试图让对方改变价值观。如果永远不能承认有不同的价值观，你将永远得不到真正的自由。

懂得休息的价值。懂得享受自由的公主不仅能够认真工作，也懂得适时休息。漫长的一生中，休息就是为了做得更好，只有懂得适时休息，才能更进一步。懂得休息的价值和灵活运用休息时间的女人远比那些拼命想要多赚一分钱的女人更幸福，她们的人生也会更精彩。某公司 CEO 在知道副社长连续工作两年而一次也没有休假后，就立即解雇了他，他认为，工作两年而一次也没有休假的副社长肯定是哪里出了严重的问题。"汽车之王"亨利·福特说过："只会工作而不懂得休息的人就像没有刹车的汽车，其危险不言而喻。但是，只懂得休息而不会工作的人就像没有发动机的汽车，一点用处都没有。"他的话真是精辟极了，一语道破了劳逸结合的重要性。正如他所说，我们要做一个既认真又懂得放松的公主。

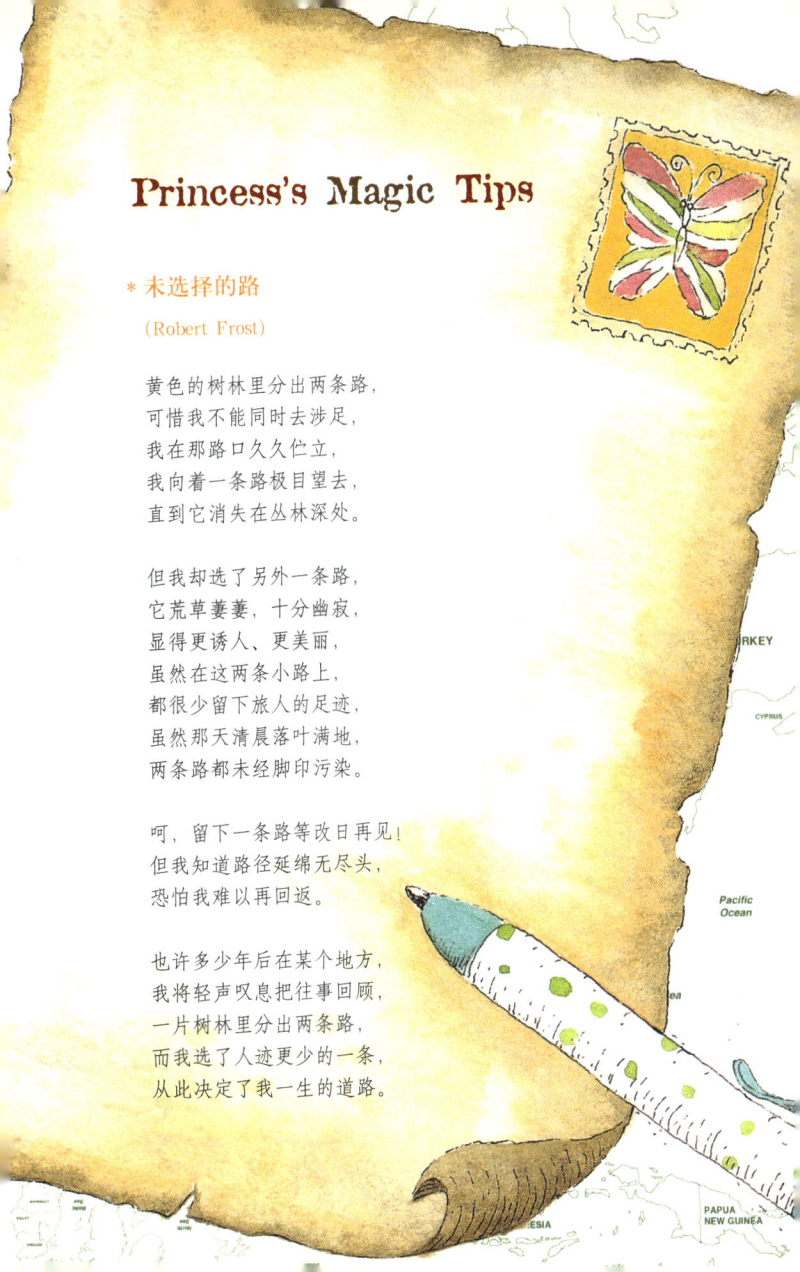

Princess's Magic Tips

* 未选择的路

(Robert Frost)

黄色的树林里分出两条路,
可惜我不能同时去涉足,
我在那路口久久伫立,
我向着一条路极目望去,
直到它消失在丛林深处。

但我却选了另外一条路,
它荒草萋萋,十分幽寂,
显得更诱人、更美丽,
虽然在这两条小路上,
都很少留下旅人的足迹,
虽然那天清晨落叶满地,
两条路都未经脚印污染。

呵,留下一条路等改日再见!
但我知道路径延绵无尽头,
恐怕我难以再回返。

也许多少年后在某个地方,
我将轻声叹息把往事回顾,
一片树林里分出两条路,
而我选了人迹更少的一条,
从此决定了我一生的道路。

Princess's Wise Saying

在梦想中追求自由
在生活中找寻诗意

奴隶是什么梦想也完成不了的，因为他是一个不自由的人，而想要成为完全自由的人，就必须不断地明确自己的自由意识。此外，那些诸如"你不可能坐到那个位置""你不可能成为像他一样的人"等负面影响则可以完全不用理会。若想得到真正的自由，首先要树立得到自由的信心。

（奥普拉）

一个人退到任何一个地方都不如退入自己的心灵更为宁静和更少苦恼，特别是当他在心里有这种思想的时候，通过考虑它们，他马上进入了完全的宁静。（马可·奥勒留：《沉思录》）

我决定要这样一直走下去，自由和单纯的美太美好而匆匆流逝。（电影《荒野生存》）

如果有来生,我要做一棵树。站立永恒,没有悲欢的姿势。一半在土里安详,一半在风里飞扬;一半洒落阴凉,一半沐浴阳光。非常沉默,非常骄傲,从不寻找,从不依靠。(三毛)

我们都是时间旅行者,为了寻找生命中的光,终其一生,行走在漫长的旅途上。一生至少有两次冲动,一次为奋不顾身的爱情,一次为说走就走的旅行。

(安迪·安德鲁斯:《上得天堂,下得地狱》)

你必须很喜欢和自己作伴。好处是:你不必为了顺从别人或讨好别人而扭曲自己。(费里尼)

我们,所有人,都是因为风而散落各地,然后在一个国家出生,我们无法选择自己的出生之地;但是,和福楼拜一样,我们长大成人后,都有依据自己内心的忠诚来想象性地重造我们的国家身份的自由。我们可以回复到真正的自我。

(阿兰·德波顿)

瞬间的选择可以左右人的一生，所以在选择的时候有几个标准需要遵守。比如，哪个选择正确、哪个选择是光明的、哪个选择和未来有关等，而最重要的是哪一个选择可以让我比别人更加幸福。但是，无论怎么说，选择的人都是你自己。

（阿迪丝·惠特曼：《冥想的艺术》）

选择时学会放弃

魔法师的秘诀

从前有一个村庄,村庄里生活着一位有名的魔法师,他懂得一个可以满足任何愿望的秘诀,很多人为了得到这个秘诀,等了他几天几夜。最终,有三个运气好的人遇到了魔法师。

"我想拥有苗条的身材。"

"我想提高自己的地位。"

"我想赚更多钱,然后去海外旅行。"

他们迫不及待地向魔法师说出了自己的愿望,只见魔法师点点头,然后说道:"嗯,这都是一些非常简单的事情,你们很快就会达成心愿的。"

三个人听了魔法师的话后,个个欣喜若狂,连声催问自己应该如何做。魔法师不紧不慢地回答道:"这非常简单,你们每个人只需要抛弃几样东西就可以了。"

他看着第一个人，对他说："你想得到苗条的身材，是吧？那你就得放弃早晨一小时的睡眠时间，然后把它用在运动上就可以了。顺便再将那总是想要多吃一点的欲望也抛弃掉。"

魔法师说完后，不等第一个人反应过来，便将眼睛转移到了第二个人身上，说道："还有你，想要升职，对吧？那些已经升职的人好像英语能力都很出众，而且还都拥有你所没有的资格证书，对吧？"

听完此话，那位想要升职的人不由大声问道：

"魔法师大人，你说的这些我也懂。可是，那都不是简单的事情啊，如果很容易的话，我怎么会跑来找你呢？再说我每天工作，也没有时间学习啊。"

"你说错了，其实一点都不难。首先，你要把每天晚上从9点到12点看电视的时间抛弃掉，也不要把时间浪费在网上聊天和逛街上。然后，你再把这些节省下来的时间用在学习英语和考取资格证书方面，这样就可以了。既然你已经浪费这么多时间了，又怎能抱怨自己没有时间呢？"

最后，魔法师把头转向第三个人，说道："你是想赚更多的钱，然后去海外旅行，是吧？"

"魔法师大人,你是不是想说,我必须放弃早晨的睡眠时间,然后将这些时间用在工作上,就可以赚到更多的钱了?"

第三个人仿佛未卜先知一般,略微不满地打断了魔法师的话。只见魔法师微微一笑,说道:"你也说错了。其实,你现在赚的钱已经足够达到你的这种要求了,而你需要放弃的,是那种病态的逛街嗜好。如果你能将那些买东西的钱存起来的话,那么每年休假的时候,你就可以去海外旅行了。"

既然已经过着想吃就吃、想玩就玩、想买就买的生活,我们又怎么能认为自己最命苦、最贫穷呢?这就是魔法师建议你改变的思想。

列出你的放弃清单

我曾经向导师提出一个问题,寻求他的帮助。

"如果我想在毕业以后留学的话,应该怎么做才好呢?"

至今,我仍然记得导师的回答:"为了获得你所希望得到的东西,首先,你要学会放弃很多东西。如果你想留学的话,那么就必须要放弃很多东西,家人的呵护、妈妈亲手做的米饭、可以谈心的朋友、男朋友……在决定留学的时候,你就要作好长期脱离这些的准备了。在留学期间,你会面临孤独的考验,遇到因人种差异而受到的各种不公正待遇。因此,没有足够大的决心和毅力,是很难坚持下去的。假如你没有预料到这些情况就兴冲冲地跑到国外,你将来就会因为突然面临这些意料之外的困难而手足无措,并且在短时间内很难从这种低落的情绪中走出来。"

听了导师的话后,我想了很久,终于决定按照她所说的那样,放弃一些东西。我后来能比别人更快地适应留学生活,或许正是因为我已经放弃了很多东西的缘故。

在留学期间,我认识的大多数朋友都很喜欢旅游,在他们看来,旅游是一件非常自然的事情。每到假期他们都会去外地旅行。虽然我也很喜欢旅行,却可望而不可即。为了在学业上追上他们,我必须加倍地努力学习。如果想要旅行的话,我还得去打工赚钱才行。但我真的很想像他们那样去自己喜欢的地方看看。当时,我甚至觉得如果不去旅行的话,以后就再不会有更好的机会了。

为了能够实现旅行的愿望，我试着将要放弃的东西列在了一张纸上。首先，必须减少睡眠时间，逛街的时候只能买一些必需的生活用品。除此之外，减少和朋友们见面的时间。而想要成功拿到学位的话，除了打零工赚钱以外，我还得将这些省下来的时间用在学习上面。最后一条是为了获得更多的奖学金而努力。只有将这些都付诸行动，我才能基本满足旅行的愿望。

　　事实上，当我看到一些朋友不做任何努力就能买下所有想要的东西甚至私家车的时候，的确羡慕过他们。不过，我丝毫也没有因为自己的处境而感到悲观，因为我知道，他们虽然表面上看起来风光，其实也各有各的苦恼，也要抛弃一些东西。

　　在这个世界上，不劳而获的事情是绝对不存在的。所以，在选择前，一定要考虑清楚自己必须付出的代价。选择并不是随意挑选自己想要的东西，而是为了得到想要的，必须先抛弃哪些东西。现在，让我们闭上眼睛，好好想一想自己真正想要的东西是什么吧。然后，拿出一张白纸，列出你愿意放弃的东西！

Princess's Wise Saying

有些事情我们必须放弃
才有精力迎接更美好的生活

瞬间的选择可以左右人的一生,所以在选择的时候有几个标准需要遵守。比如,哪个选择正确、哪个选择是光明的、哪个选择和未来有关等,而最重要的是哪一个选择可以让我比别人更加幸福。但是,无论怎么说,选择的人都是你自己。

(阿迪丝·惠特曼:《冥想的艺术》)

我不觉得人的心智成熟是越来越宽容,什么都可以接受。相反,我觉得那应该是一个逐渐剔除的过程,知道自己最重要的是什么,知道不重要的是什么。而后,做一个纯简的人。

(电影《阿甘正传》)

我未曾见过一个早起、勤奋、谨慎、诚实的人抱怨命运不好。(富兰克林)

人们面临很多虚假的需求,人们每天为了虚妄的幸福而奔波忙碌,身子太忙,脑子太闲。(马尔库塞)

人之所以无法自我决定，也许不是听不见内心渴望的声音，而是他对于选择之后的自由状态感到害怕。因为一旦他选择了而获得自由之后，他就必须负起获得自由以后的责任和伦理，必须对他自己的选择有所交代。（**弗洛姆：《逃避自由》**）

放弃一切东西比人们想象的要容易些，困难在于开始。一旦你放弃了某种你原以为是根本的东西，你就会发现你还可以放弃其他东西，以后又有许多其他东西可以放弃。

（卡尔维诺：《如果在冬夜，一个旅人》）

生活方式像一个曲折漫长的故事，或者像一座使人迷失的迷宫。很不幸的是，任何一种负面的生活都能产生很多烂七八糟的细节，使它变得蛮有趣的；人生就在这种趣味中沉沦下去，从根本上忘记了这种生活需要改进。（**王小波**）

决定我们成为什么样人的，不是我们的能力，而是我们的选择。（**J.K.罗琳**）

Chapter III

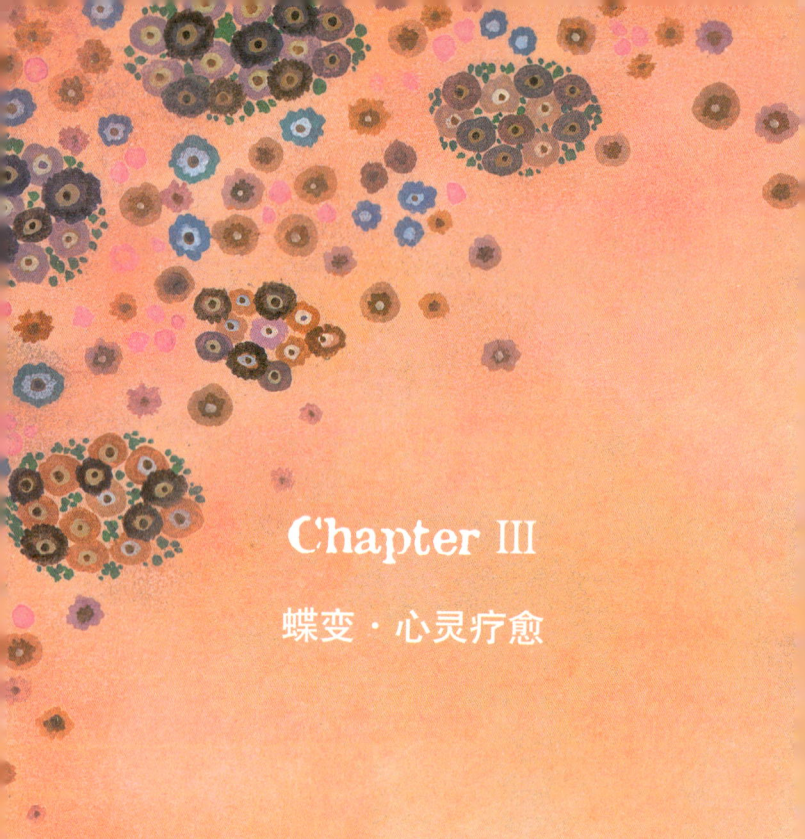

蝶变·心灵疗愈

我是受伤的公主,神奇的魔法将赋予我疗愈的希望。

张开隐形的翅膀,承载风雨的祝福,穿过平静的黑夜,我将飞到充满阳光的黎明!

时间是无比宝贵的东西，任何东西都无法与之交换，而我们却都喜欢把时间浪费在那些一年后便会忘得一干二净的悲伤上面。正是因为我们过于谨慎，人生才会显得如此短暂。

（安德鲁·卡耐基）

No Worries

从无谓的担心中解脱出来

向"解忧娃娃"诉说苦恼

传说有一天,一个美丽的印第安少女辗转反侧,难以入睡。爷爷看到后,关心地问她怎么了。少女坐了起来,皱着眉头,似乎很矛盾地回答道:

"我不小心把妈妈最珍爱的东西碰碎了,因为担心妈妈明天看到后会生气,所以一直睡不着。"

听到少女的话,爷爷从箱子里拿出了一个布娃娃,递给了她,然后说道:

"孩子,这个布娃娃叫'解忧娃娃'。在睡觉之前,你可以将自己的苦恼全都说给它听,求它帮助你减轻苦恼,在睡觉的时候你再把它放到枕头底下,这样等你明天起来的时候,你就会发现,布娃娃已经把你的苦恼减少了很多。"

"爷爷,这是真的吗?"

"在我们印第安部族里,每个人都拥有一个这样的布娃娃。如果在生活中遇到了烦恼,我们就会让'解忧娃娃'帮助我们减轻烦恼。等到第二天的时候,所有的事情都变得比较容易解决了。"

少女相信了爷爷的话,欣喜地向布娃娃诉说了自己的苦恼,然后将它塞进了枕头底下,放心地睡着了。

"解忧娃娃"的传说是生活在危地马拉高山地带的印第安人代代相传下来的,每当遇到一些难题或因为频频想起自己的失误而苦恼时,印第安人就会向"解忧娃娃"诉说,然后再把它塞进枕头底下,放心地睡去。他们相信,趁主人睡觉的时候,"解忧娃娃"一定会解决主人所遇到的难题。

我们也应该学习印第安人的智慧呢。这样的话,就不会再因为各种担心和苦恼而睡不着觉了。我的床头也放着一个"解忧娃娃",是我的舍友阿苏卡在几年前去墨西哥旅游的时候给我带回来的礼物。在得到了这个布娃娃后,我立即付诸了行动。我先将"解忧娃娃"放到床头上,然后在临睡前将自己的全部苦恼都向它说了出来:

"如果别人误会了我昨天的行为,那该怎么办啊?

嗯，只要我说出自己的理由，我想谁也不会责怪我的。"

"我真担心我发表的策划案得不到别人的认同，那可怎么办才好啊？不过，我相信一切都会变好的。而且就算我现在再如何担心，事情也不会有任何改变。解忧娃娃，我相信你会解决好这些的，那我就先睡了。"

……

"解忧娃娃"果然有效果！那天晚上，我难得睡了一个好觉，因为胡乱担心而变得衰弱的精神也恢复得很好。更令我感到惊喜的是，那些原本很担心的问题似乎都是多余的，因为结果并没有我想象的那样糟糕。为此，我要感谢"解忧娃娃"的功劳，幸亏有了它，要不然既费了精神，又做不好事情。

事实上，"解忧娃娃"并没有为我们做过什么，一切不过是因为我们浮躁的心有了寄托而变得放松了而已。在这个世界上，真正的问题并不是那些无法解决的难题，而是人们在面临困难时不能自持的心理。换句话说，我们面临的问题都是可以解决的，遇到难题时，我们绝不能产生"为什么只有我才遇到这种倒霉事"的心理而一蹶不振，相反，我们应该时刻保持乐观的情绪，常常以"这太简单了"等想法鼓励自己。

我们看待别人的问题时总觉得轻易就能解决。其实，我们自己的问题也是如此。任何问题都能找到解决的方法。如果一味地沉浸在无用的担心之中无法自拔，就是在浪费生命。

悲伤属于只会担心的弱者，而幸福则属于坚信一切问题都可以解决的强者。让我们转起快乐的轮盘吧，忧愁和担心将会离你而去！

让无谓的忧愁随风而去

"你还记得一年前的忧虑吗？就算是一个月前的也行，你都还记得吗？"

几年前，我的一个朋友向我提出了这样一个问题。我当然不记得，我还相信，所有人的答案都和我一样。也就是说，在不到一个月的时间里，曾经使我们格外苦恼的事情都被我们忘得一干二净了。

虽然在我们的生活中难免会出现这样或那样令人忧虑的事情，但仔细想一想，这些无用的忧虑占用了我们多少宝贵的时间啊。就为了那些连一个月都记不住的忧虑，我们在面临问题时踌躇不前，这岂不是太愚蠢了吗？

其实，你所担心的大部分事情都不会发生。如果发现了问题，那么只需要付出最大的努力去解决就行了；即使碰到了不能快速解决的问题，也没有必要一直耿耿于怀，更没有必要将过去的失误一直放在心上。对于过去的事情，人们唯一能做的就只有回忆，因为没有任何事情是可以从头再来的。

或许大家都有这样的体会，我们对于自己的失误会一直记得很清楚，而对于别人的失误却很快就会忘记。那么，反过来想一想，别人怎么会一直记着你所犯过的失误呢？实在没有必要总是为这个问题担心。

人生苦短，就算只去想那些美好的事物都觉得时间不够，我们又何必在无谓的担心上浪费时间呢？如果将高兴、快乐和幸福的感觉比作你的贵客，那么担心、忧虑和悲伤就是不请自来的不速之客，既然是不速之客，我们也就没有必要好好招待它们了。不仅不用殷勤地招待它们，还应该对它们疾言厉色，让它们难堪，从而让它们主动离开。

有些人准备旅行的时候，经常会有"要是路上堵的话，我该怎么办""如果车上人太多，我该怎么办""上次我在那里丢了钱包，这次到底该不该去呀"等念头。

就算真的下定决心去旅行了，只要遇到一点交通堵塞，他们心里立刻就会说："看看，我就知道会这样，我就应该待在家里，不应该出来旅行的。如果回家的时候也堵车的话，该怎么办啊……"这种想法除了破坏我们的心情以外，对我们的旅程一点帮助也没有。对于旅行来说，保持一份好心情至关重要。如果还没有到达目的地就开始担心了，你是不会从旅行中得到快乐的。

如果我们没有认识到今天的幸福，就等于失去了再也找不回的某种东西……为了不再失去更多，就不要再为无谓的担心浪费我们的时间了。从现在开始，让我们开开心心面对崭新的每一天，让那些无谓的忧愁随风而去吧。

Princess's Magic Tips

* **公主的天堂电影院**

《牛仔裤的夏天》
《情书》
《天使爱美丽》
《隐形的翅膀》
《千与千寻》
《穿普拉达的女王》
《成为简·奥斯汀》
《黑暗中的舞者》
《蓝》
《律政俏佳人》
《一公升的眼泪》
《百万宝贝》
《永不妥协》
《钢琴课》
《舞出我人生》
《追梦女郎》
《风雨哈佛路》
《平民天后》
《女孩梦三十》
《简·爱》

Princess's Wise Saying

当你不再为不能掌控的事情担心时
才有时间去改变那些你能掌控的事

  时间是无比宝贵的东西,任何东西都无法与之交换,而我们却都喜欢把时间浪费在那些一年后便会忘得一干二净的悲伤上面。正是因为我们过于谨慎,人生才会显得如此短暂。(**安德鲁·卡耐基**)

  风过疏竹,风去竹不留声;雁渡寒潭,雁过潭不留影;故君子事来而心始现,事去而心随空。(**洪应明:《菜根谭》**)

  生活,是一种缓缓如夏日流水般的前进,我们不要焦急我们三十岁的时候,不应该去急五十岁的事情,我们生的时候,不必去期望死的来临,这一切,总会来的。(**三毛**)

  以勇气面对人生的巨大悲恸,用耐心对待生活的小小哀伤。当你勤勤恳恳地完成一天的工作时,安心地入睡吧。上帝是不会睡觉的。(**雨果**)

如果你为错过了太阳而哭泣，那你也将错过星星和月亮。（泰戈尔）

陆上的人喜欢寻根问底，虚度了大好光阴。冬天忧虑夏天的姗姗来迟，夏天则担心冬天的将至。所以他们不停四处游走，追求一个遥不可及、四季如夏的地方。——我并不羡慕。

（电影《海上钢琴师》）

一切都是瞬息，一切都将会过去，那些过去了的，都将成为亲切的怀恋。（普希金）

人生就是靠着不断的遗忘，才比较容易活得下去。（三岛由纪夫）

世界上所有的骗子中，最坏的就是你自己的恐惧。（路·吉卜林）

我们所想见到的总是在我们所能见到的现实场景中变得平庸和黯淡，因为我们焦虑将来而不能专注于现在，而且我们对美的欣赏还受制于复杂的物质需要和心理欲求。

（阿兰·德波顿）

虽然人生充满了苦难，但是苦难总是能够战胜的。

(海伦·凯勒)

Blessings in Disguise

苦难是伪装的祝福

磨难带来的契机

有一次,我用攒起来的钱和妈妈一起去美国旅行,过了梦幻般的一个月后,妈妈回到了韩国,我回到了芝加哥。可是没想到,等待我的却是让我几乎昏厥的情景,在我离开的这段时间里,小偷光顾了我的家。

在去旅行以前,我打算搬家,所以在旅行前就将所有的物品都整理了一下,并打包好,回来之后就可以立即搬家了。可是现在,那些包裹全都被小偷顺手提走了,从最难搬的电视、衣架和厨具到所有搬得动的东西,统统被偷走了,就连我睡觉时抱着的一个小玩具也被小偷拿走了。最郁闷的是,我之前还将所有东西全都装进了箱子里……

当时,我看着空空如也的家,心想小偷应该是直接开着卡车把这些东西运走的,我仿佛看到小偷兴高采烈搬箱子的情形，不禁感到又恨又气。家里面什么东西都没剩下，几乎让我误以为在旅行前就已经搬过家了。我委屈地蹲在地上，不知道哭了多久。说实话，在国外的那段时间里，即使遇到再大的困难，我都没有哭过，可是那次，我却毫无顾忌地放声大哭起来，似乎要将之前受到的所有委屈和悲伤都哭出来一样。

最珍贵的全家福、在世界各地旅行时收集到的物品、亲自摄影的录影带等再也找不回来了。独自一人待在空荡荡的房间里，我第一次对孤独产生了恐惧。在我的脑海里，有个想法一次次告诉自己——现在我是彻底的一个人了，它始终困扰着我，让我几乎万念俱灰。我悲痛欲绝地对上帝吼道："我只是想让妈妈高兴才去旅行的，难道这也错了吗？你为什么要这样惩罚我啊？"在空荡荡的房间里，回音绕梁，久久不散。

连续几天我都恍恍惚惚、茫然若失。对当时的我来说，旅行时随身携带的旅行包就是我唯一的财产了。虽然很想立即跑回韩国，可是我却怎么也无法将自己被盗的事告诉妈妈。如果知道我被盗了，妈妈肯定会自责，认为她是这次旅行的罪魁祸首，而这是我最不想见到的。况且，妈妈一直将我视为她的骄傲，如果我这样灰溜溜地回去，那她该多么失望啊！每想到这里，我就丧失了回去的勇气，最后，我咬牙决定挺下去，一切从头开始。

我对着镜子里的自己说："这只是上帝对我的一次考验而已，既然它已经存在了，就必然有它存在的理由。况且，这些痛苦只是一时的，没必要太过在意，说不定那个小偷真的很需要钱，至少我本人没有受到伤害，也算万幸了。所以，我不能再这样悲伤下去了！"然后，我去了加利福尼亚，而我的人生也因此发生了180度的转变。现在想来，当时上帝给我那样大的磨难，或许并不是一件坏事。如果我当时没有被盗，就不会去加利福尼亚，而我现在或许也就没有写这本书的契机了。

在人的一生当中，谁都不可避免会遇到这样或那样的磨难，但是我们要相信，世界上没有我们人类不能忍受和克服的痛苦。上帝在给我们某种磨难的同时，一定也会让我们得到另外的补偿。所以，当我们面临痛苦的时候，不要只感到不幸，因为谁也不知道，是否会有另一种幸运在等待着我们。

幸运就在不远处等着你

露丝自从进了大学以后,不知道什么原因,原来只有两三个的青春痘忽然覆盖了她整个脸庞。对于爱美的她来说,这是一个很严重的打击。为了消除这个困扰,她几乎跑遍了所有的皮肤病医院,却始终没有效果。最后,她觉得自己没脸出门了,抑郁症和自闭症接踵而来。因为同学看到她,说了一句"怎么破成这样"的话,露丝连课堂都不想去了;出于这个原因,她和男友频繁地争吵,最后,他们分手了。

不仅没有治好自己的脸,反而还遭受了一连串的打击,刚开始的时候,露丝每天都对着镜子叹息。终于有一天,她下定决心要改变自己。之后,她就坚决不再吃那些比萨、汉堡包等快餐食品,开始参加运动。她还戒酒了,每天都做一次半身浴。除此之外,她还服用了一些诸如维生素 C 等对身体有益的营养物质,并坚持隔一天敷一次面膜,给皮肤增加营养。

这样一来,她的脸部皮肤竟然有了明显的好转。对此,露丝不胜欢喜,于是继续努力坚持。3 个月后,她的脸变回了原来的样子,皮肤越来越润滑。不仅如此,她还发现,自己曾经以为不可能好转的其他不适感竟然通过这次的皮肤问题而得到了彻底地解决：折磨了她10多年的痛经竟然消失了，月经不调的症状也没有了。

当然，在露丝的皮肤出现问题的时候，她非常痛苦，但正是由于这个问题的存在，才促使露丝改变自己的生活方式。最终，她不仅治好了皮肤病，还治好了经痛、头痛、疲劳症等慢性疾病。从自己的遭遇中，露丝学到了"磨难使人成长"的道理。从那以后，不论遭遇什么困难，她都努力解决，并从中丰富自身。

俗话说："上帝在关上一扇门的同时，自然会为你开启一扇窗。"当你遭遇磨难时，或许幸运就在不远的地方等着你。

有这样一个故事。一艘船在海中受到了突如其来的台风袭击，遭到了翻船的厄运。幸存的几个人经过千辛万苦，终于爬上了一座孤岛。上岛后，他们才发现自己的命运并没有得到任何好转，依然只能坐等救援船的到来。于是，他们齐心协力，用布匹和木头搭了一个简陋的棚子，用以堆放收集到的鱼类和水果等食物。然后，他们静静地坐在那里苦等，但救援船始终没有出现。

有一天，一场灾难突然袭击了这些幸存者，因为某人的失误，他们用来储存食物的房子发生了火灾，很快一切都化为灰烬。幸存者们彻底绝望了，愤怒地咒骂那个不小心引起火灾的人。突如其来的大火烧掉了一切，在无人岛上再也找不到其他的食物了，他们纷纷发出了"我们一定会饿死"的悲吼。

可是，谁也没有想到，第二天早上，他们惊喜地发现了救援船。已经开始自暴自弃的幸存者们幸福得快要晕了过去，其中的一个人激动得哽咽着向救援队员问道：

"你们是怎么找到这里的？"

救援队员回答道：

"昨天，我们发现了这里升起的浓烟。无人岛上发出浓烟，正是求救的信号，因此，我们才顺利地找到了你们。"

Princess's Magic Tips

* **有些事并不像它看上去的那样**

两个天使到一个富有家庭借宿。这家人对他们并不友好,只在冰冷的地下室给他们找了一个角落。当他们在硬邦邦的地板上铺床时,年长的天使发现墙上有个洞,就顺手把它修补好了。年轻的天使问为什么,年长的天使答道:"有些事并不像它看上去那样。"

第二晚,两人又到了一个非常贫穷的农家借宿。夫妇俩对他们非常热情,把仅有的一点食物拿出来款待客人,然后还让出了自己的床铺。第二天一早,他们发现农夫和他的妻子在哭泣——他们唯一的生活来源——奶牛死了。年轻的天使非常愤怒,他质问年长的天使,第一个家庭什么都有,为什么还帮他们修补墙洞,第二个家庭虽然贫穷但还是热情款待客人,而他却没有阻止奶牛的死亡。

年长的天使说:"当我们在地下室过夜时,我从墙洞看到墙里面堆满了金块。因为主人已被贪欲所迷惑,不愿意分享他的财富,所以我把墙洞填上了,不让他发现金子。而昨天晚上,死亡之神来召唤农夫的妻子,我让奶牛代替了她。有些事并不像它看上去的那样。"

Princess's Wise Saying

你的负担将变成礼物
你受的苦将照亮你的路

虽然人生充满了苦难,但是苦难总是能够战胜的。(海伦·凯勒)

让你难过的事情,有一天,你一定会笑着说出来。(电影《肖申克的救赎》)

感谢我的身材,即使臃肿,我也能到世界各地去旅游;感谢我的鼻子,即使塌,也让我可以呼吸新鲜空气;感谢我的双眼,再小、再眯,我也能看见日出、日落、花开、花谢。感谢太阳又升起,继续点燃我的梦想;感谢那些曾让我伤心难过的日子,我知道快乐已经离我不远了。

(电影《麦兜响当当》)

人生中很多阴影的出现,都是因为我们自己遮住了阳光。(爱默生)

你必坚固，无所惧怕。你必忘记你的苦楚，就是想起也如流过去的水一样。你在世的日子，要比正午更明，虽有黑暗，仍像早晨。(《圣经》)

生活就像一盒巧克力，你永远不知道下一块会是什么滋味。(电影《阿甘正传》)

一个正直但却沮丧万分的人质问，为什么他的生活中有那么多磨难。上帝的回答是，他应当去想象天地间的山川河流等自然景观。(阿兰·德波顿)

我已经学会了像爱明亮的日子那样去爱黑色的日子。(沃尔科特)

回首才能懂得人生，但人生却必须继续向前走下去。(克尔凯郭尔)

我只担心一件事，我怕我配不上自己所受的苦难。(陀思妥耶夫斯基)

有福之人不必拥有过去，他只活在现在。因为活在现在的人都曾享有过去，还将成为未来。(《诺斯替福音书》)

如果一个人不能做到长时间地忘记彼岸,那么,他将永远不可能发现新的大陆。

(安德烈·纪德)

Transformation

经历过严冬的蛹，才能蜕变成美丽的蝶

风雨是彩虹的前奏

主人从冰箱里拿出一个鸡蛋，那只鸡蛋哭着与留下来的鸡蛋同伴们道别，然后被主人放进了锅里。因为锅里的沸水太热，鸡蛋昏倒了。

鸡蛋很快就被煮熟了，突然，主人接到了一个紧急电话，她将熟鸡蛋放回冰箱，然后就出门了。在凉快的冰箱里，他的那些鸡蛋同伴们感到很惊讶，已经被主人拿出去的鸡蛋竟然还能回来！

几天后，主人在收拾冰箱的时候，不小心把鸡蛋盒弄翻了，生鸡蛋全被打碎了，在满地的碎蛋壳中，有一个鸡蛋完好无损地被捡了起来。主人将这个鸡蛋放回冰箱，将碎鸡蛋全都扔进了垃圾桶。这个被重新放回冰箱里的鸡蛋就是那个熟鸡蛋。虽然在刚开始的时候，它被主人选中，看似命运不济，但它却在沸水

中坚持了下来,并最终抵抗住了再次来临的灾难。

不经历风雨,怎能见彩虹?同样的道理,不经历烈火的考验,不起眼的黏土又怎能变成瓷器?不经历艰苦的过程,一只不起眼的毛毛虫又如何化茧成蝶?所以,人如果不经历苦难,就不可能获得成功。一抔土变成一只名品瓷器,一条难看的毛毛虫变成一只漂亮的蝴蝶,只需要很短的时间就能完成,但变化的过程却千辛万苦。所以,为了质变的那一刻,无论面临怎样的痛苦,我们都一定要坚持。

当然,并不是所有的毛毛虫都能变成蝴蝶,只有那些禁得起寒冷和风雨的毛毛虫才能拥有美丽的翅膀。正如夜空中的星星,它们如此闪亮是因为生活在一片漆黑的夜空中,只有身处艰难环境并克服困难的人,才能赢得美丽的人生。

在高中时期,为了使自己更加努力,我在书桌上贴了这样的一段话鼓励自己:

> 我要变成一只美丽的蝴蝶,
> 虽然现在还是一只不起眼的毛毛虫,
> 但是我很快就会披上美丽的衣裳,

插上自由的翅膀,

飞到我想去的任何地方。

穿越黑暗看到光

  那是在我和朋友一起去的快餐厅里看到的事情。当时,我准备了很长时间的一项计划失败了,心情糟糕透顶。正在极其郁闷的时候,朋友为了安慰好几天都没有吃下东西的我,特意将我约出来,说要一起去吃饭。

  点完餐后,我无意中看到旁边的桌子上坐着一对带着婴儿的夫妻,母亲温柔地看着自己的孩子,很认真地喂孩子喝牛奶。我看着这位母亲的身影,觉得她美丽极了。用完餐后正要起来时,我们再看那对夫妻,差点惊叫出来。原来那个襁褓中的不是一个婴儿,而是一个洋娃娃!怀着"可能看错了"的疑惑,我故意走过去瞄了一眼,清楚地看到那是一个洋娃娃。

  丈夫悲哀地看着面前的妻子,轻轻地说着"好了,现在吃饭吧",妻子听话地点点头,然后小心翼翼地把襁褓放在了旁边,拿起了勺子。她一边充满爱意地看着襁褓中的洋娃娃,一边吃饭。

我有意地朝她刚才拿着的那个牛奶瓶看去，瓶子里的牛奶一点都没有少。看着这个失去孩子后精神失常的母亲，还有那个用悲痛的眼神看着妻子、偷偷掉眼泪的丈夫，我感到很是心痛。在不知不觉中，我的眼泪流了下来。同他们比起来，我所面临的考验是多么微不足道啊！在心里默默地为他们虔诚地祈祷后，我和朋友一起走出了餐厅。

走出餐厅的一刹那，我突然想起了吉卜林的话："虽然亲眼看着一生的心血坍塌，但你若仍然还有拿起工具、重新建造起来的意志，那么你就真正地长大成人了。"此时，我明显地感到自己已经长大成人了。外面的天空依然蔚蓝，而我却变了，变得更加坚强。此刻，我决定一切重新开始。

面对如隧道般黑暗的严峻考验时，我们要把目光放在隧道尽头的亮光，而不要在乎隧道内暂时的黑暗。只要我们勇敢地接受考验，痛苦总有一天会结束，到时候，我们就会看到隧道尽头的光芒。让我们勇敢地向前走吧！

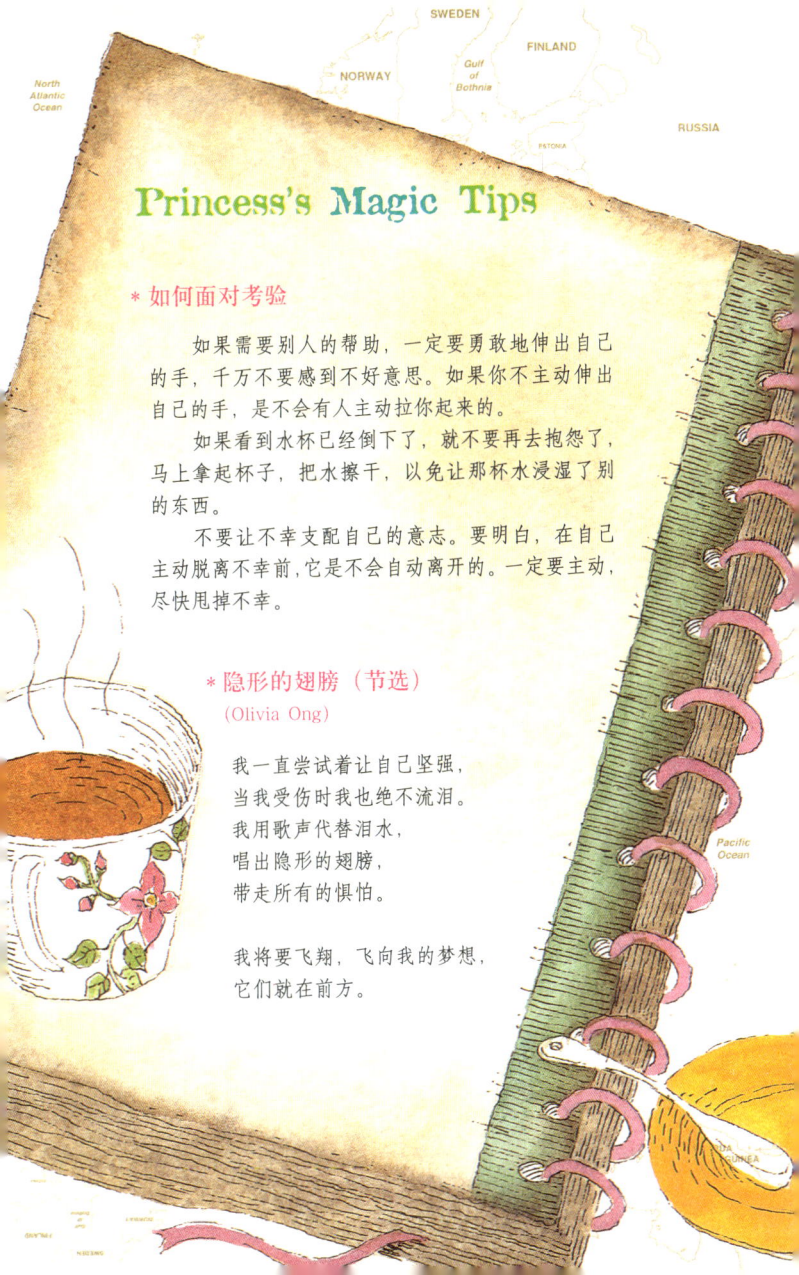

Princess's Magic Tips

*如何面对考验

如果需要别人的帮助，一定要勇敢地伸出自己的手，千万不要感到不好意思。如果你不主动伸出自己的手，是不会有人主动拉你起来的。

如果看到水杯已经倒下了，就不要再去抱怨了，马上拿起杯子，把水擦干，以免让那杯水浸湿了别的东西。

不要让不幸支配自己的意志。要明白，在自己主动脱离不幸前，它是不会自动离开的。一定要主动，尽快甩掉不幸。

*隐形的翅膀（节选）
(Olivia Ong)

我一直尝试着让自己坚强，
当我受伤时我也绝不流泪。
我用歌声代替泪水，
唱出隐形的翅膀，
带走所有的惧怕。

我将要飞翔，飞向我的梦想，
它们就在前方。

Princess's Wise Saying

生活不是等待暴风雨过去
而是学会在雨中翩翩起舞

如果一个人不能做到长时间地忘记彼岸，那么，他将永远不可能发现新的大陆。(**安德烈·纪德**)

任何时候，一个人都不应该做自己情绪的奴隶，不应该使一切行动都受制于自己的情绪，而应该反过来控制情绪。无论境况多么糟糕，你应该努力去支配你的环境，把自己从黑暗中拯救出来。(**罗伯·怀特**)

我相信在群星当中有一颗星星，引领我的生命，穿越不可知的黑暗。(**泰戈尔**)

凡是有不和的地方，我们要为和谐而努力。凡是有谬误的地方，我们要为真理而努力。凡是有疑虑的地方，我们要为信任而努力。凡是有绝望的地方，我们要为希望而努力。

(电影《铁娘子》)

怎样地选择世界,世界就怎样地选择人。默默地选择起点,骄傲地选择归程。夜间选择黎明的人,黎明选择他为自由的风。(雪莱)

使我们感到窘迫的不应是困难本身,而是我们无能让困难结出美丽的果实。(阿兰·德波顿)

如果你避免不了,就得去忍受。不能忍受命中注定要忍受的事情,就是软弱和愚蠢的表现。

(夏洛蒂·勃朗特:《简·爱》)

没尝过苦涩的人,就不懂什么是甘甜。

(德国谚语)

任何时候,一个人都不应该做自己情绪的奴隶,不应该使一切行动都受制于自己的情绪,而应该反过来控制情绪。无论境况多么糟糕,你应该努力去支配你的环境,把自己从黑暗中拯救出来。

(奥里森·马登:《一生的资本》)

爱迪生为了发明电灯，曾经历过 1 000 次失败，面对人们的质问，他这样回答道："我不是失败了 1 000 次，电灯泡只不过是在第 1 001 次的实验中被发明出来而已。"

遇到再大挫折也不放弃

绝不放弃自己想要的快乐

贝贝是一个很讨人喜欢的孩子,她总是梳着两条似乎用铁丝芯扎起来的辫子,她的脸上长满了雀斑,却显得格外可爱。不过,我喜欢贝贝的理由,还是她那双总是含着微笑的眼睛。从她和最好朋友汤米的一次简短对话中,我终于知道了她始终快乐的秘密。

一个下雨天,贝贝在院子里用生锈的旧喷头给快凋谢的几朵花浇水,她的好朋友汤米问她,为什么下雨了还要浇水。贝贝认真地回答道:"我整个晚上都没有睡觉呢,因为心里一直在想,如果每天早上起来都给花浇一浇水,那该是多么有趣的事情啊。所以,我不能因为今天下了一点雨就放弃。"

千万不要感到奇怪,因为即使只是很小的事情,贝贝也会感到快乐。不管碰到任何困难,她从来没有感到失望或丧气,每天都过得很开心。有她在的地方,就少不了欢乐的笑声。

当然,浇不浇水并不是最重要的,但从这件事情上,我们可以看到贝贝的可爱之处——绝不放弃自己想要的快乐。她不会因为下雨,就在心里想着"不行了,还是下回再说吧",从而就放弃了给花浇水的乐趣。她那"不管怎样都要做完我要做的事情"的决心,让我觉得她更加可爱和勇敢。

贝贝还让我想起了《纽约时报》的一次问卷调查,调查结果显示,很多人在 1 月 31 日的时候,会放弃新年计划中 66% 的事情,虽然一年 12 个月中才仅仅过了 1 个月而已。

在生活中,只要我们稍微感到事情有些困难或别扭,心里就会产生"算了吧,还是放弃吧"的想法,然后彻底放弃。试想,自己首先过不了自己这一关,又怎能过得了困难这个更难的坎儿呢?其实,那个最难过的坎儿就是事情的临界点。如果坚持下去,过了那个坎儿,事情就会变得很容易了。因此,即使出于自尊,也请试着坚持下去吧!

坚持下去就是胜利

1924年,英国人乔治·马洛里想成为最早征服珠穆朗玛峰的人,不幸的是,他在当年遇到了山崩,同几名队员一起,失去了他们宝贵的生命。幸存下来的队员流着眼泪向珠穆朗玛峰大喊:"珠穆朗玛峰啊!我代表尚未出生的人类和所有勇敢的人类向你发誓:你让我们接连失败了3次,虽然我们很失望,但总有一天我们会征服你的!因为你永远都是这个高度,不会再增加了。"1953年5月,曾经夺走了人类性命的珠穆朗玛峰终于被英国的埃德蒙·希拉里第一次征服了。

肯德基的创始人桑德斯上校就是一个不知道放弃的人。66岁才开始创业的他,在70多岁时终于挤进成功人士的行列。为了买到炸鸡料理,他曾经辗转跑遍了全国,却处处碰壁。有人还对他说:"谁会吃那样的炸鸡料理呢?你是不会成功的,还是早早放弃吧!"即使这样,桑德斯上校也从未放弃过自己的理想。如今,肯德基在世界的各个地方都有连锁店,仅靠一个炸鸡料理,他就改变了快餐的历史。

经典爱情电影《泰坦尼克号》的导演詹姆斯·卡

梅隆在年轻的时候，拿着他写成的剧本去找那些有名的电影公司，却多次遭到了拒绝。他的剧本常常不是没人看，就是直接被扔进垃圾篓，没有一个人愿意倾听这个无名人士的话。然而，无论面临何种难堪，他都没有放弃，每天仍然一家一家地去找电影公司。最后，他终于找到了一家对自己的作品感兴趣的公司，在开始协商的时候，詹姆斯对制作人说："我要把我的剧本以1美元的价格卖给你。"

正想着对方要是狮子大开口，自己就会怎样去讲价的制片人突然听到詹姆斯的话后，除了感到可笑外，更感到惊讶。这时，詹姆斯接着说道："但是，担任这部电影的导演是我的前提条件。"

制片人同意了他的条件，让詹姆斯担任了这部电影的导演。最后，由詹姆斯制作的这部电影取得了空前的成功，它就是令全世界为之震惊的《终结者》。

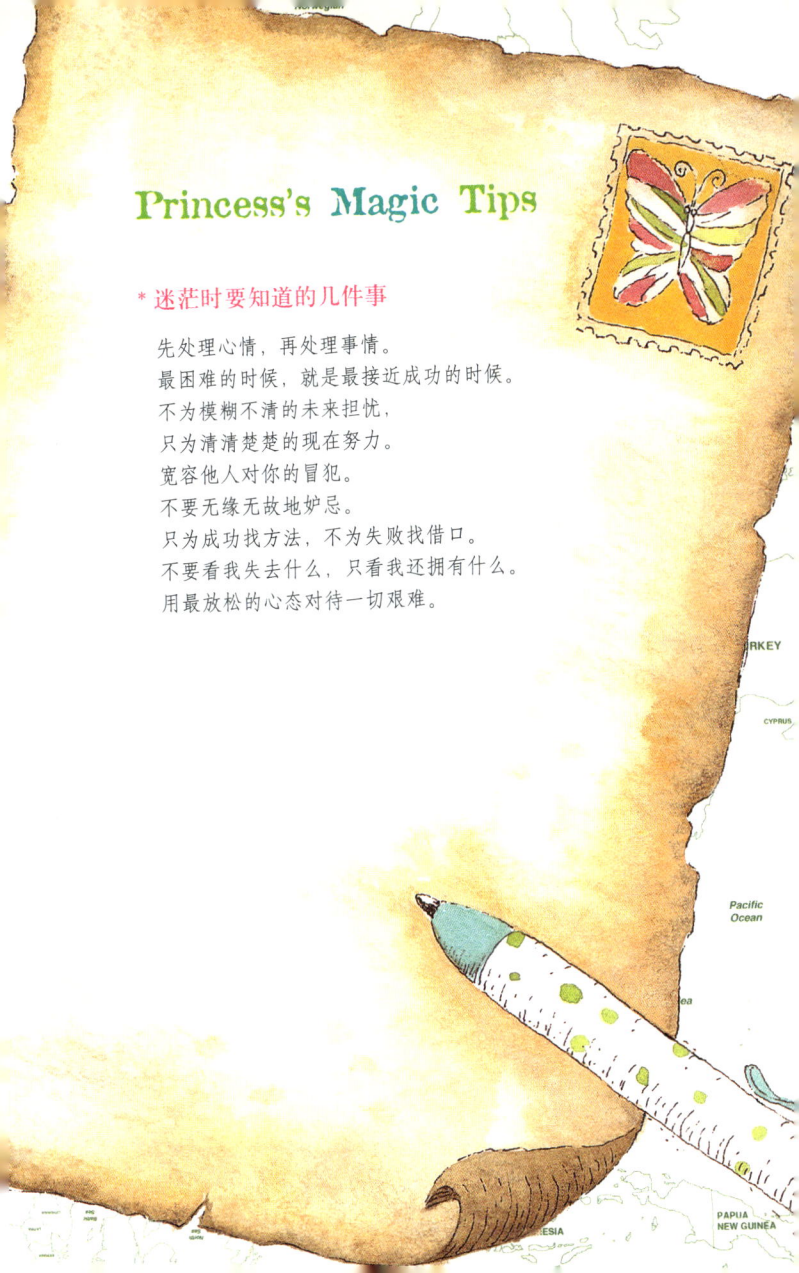

Princess's Magic Tips

* 迷茫时要知道的几件事

先处理心情,再处理事情。
最困难的时候,就是最接近成功的时候。
不为模糊不清的未来担忧,
只为清清楚楚的现在努力。
宽容他人对你的冒犯。
不要无缘无故地妒忌。
只为成功找方法,不为失败找借口。
不要看我失去什么,只看我还拥有什么。
用最放松的心态对待一切艰难。

Princess's Wise Saying

不要说你不会跌倒
说你会再站起来

世事不能说死,有些事情总值得尝试。永不轻言放弃,前方总有希望在等待。(**电影《放牛班的春天》**)

如果你想做的事情不符合传统,那么无论你再怎么正确,也总是会有人百般阻挠。(**巴菲特**)

一个人知道自己为什么而活,就可以忍受任何一种生活。(**尼采**)

我还要长大,还要长大,饱经风霜雨雪,几番沉沦深渊,几经苦苦挣扎,几度重新站立,决不服输,决不泄气。(**吉本芭娜娜**)

不论你以前如何失败过,别伤感,我的孩子,谁能指定你去做你未曾做完的事呢。(**梭罗:《瓦尔登湖》**)

你要尽全力保护你的梦想。那些嘲笑你梦想的人，因为他们必定会失败，他们想把你变成和他们一样的人。我坚信，只要我心中有梦想，我就会与众不同，你也是。（**电影《当幸福来敲门》**）

这个世界随时都想把你变成其他的模样，坚持做自己是一项伟大的成就。（**爱默生**）

光明与黑暗，旦夕之隔，很快就会转换，绝望与希望，也只是一步之遥，坚持一下也许就跨过去了。与其在绝望中呻吟哀叹，为什么不在希望之中挣扎奋进呢？（**张思之**）

我们不能指望从生活中得到我们明明知道得不到的东西，生命只是一个播种的季节，收获是不在这里的。即使我不断地遭受挫折，也不灰心；即使我身心疲惫，哪怕是处于崩溃边缘，也要正视人生。（**梵高**）

打磨海边石头的不是凿子、斧子之类的工具,而是每天都像手一样抚摩它的海浪。

(法顶大师)

遇见内心强大的自己

不要在他人心里钉钉子

不管发生什么事情，我们都不能在别人心里钉钉子，也就是说，不能做伤害别人的事情，这是做人的一个起码的准则。不管是男女关系还是朋友关系，特别是家人之间都不可以做出在别人心里钉钉子的事情。为了逞一时之快，在别人心里深深地钉下一颗钉子，或许只需要几秒钟的时间，但是这对别人却是一生的伤害，即使拔出了钉子，也会留下永远无法弥补的伤痕。

从前有一个村庄，村里有一棵大树。因为那棵树枝叶茂盛，到了夏天的时候，大树总是给村民们带来一地的凉荫，所以村子里的人都很喜欢那棵树。其中，有一个年轻人也和大家一样觉得这棵树很好，于是就想把那棵树砍下来，据为己有。

到了夜里，年轻人趁天黑用斧头使劲地朝大树砍去，但大树长得太结实了，不管他怎么砍，都很难将大树砍倒。于是，他每天晚上砍一次，渐渐地，这棵树变得难看了，慢慢地，人们不再喜欢这棵树了，转而寻找一棵枝叶更加茂盛的树。

看到大家不再喜欢这棵树了，砍树的年轻人心里也不喜欢它了。他找到了村民们另外找的那棵树，他也觉得那棵树长得更好，于是，他放弃了要砍这棵树的想法，离开了。但是，他却给这棵大树留下了永远都无法治愈的伤口。

让伤口接受大自然的洗礼

在一个小山村的村口有一家小卖部，小卖部养着一条大黄狗，名字叫阿福。有一个少年非常喜欢阿福，只要有好吃的饼干或其他食物，他都不会忘记分给阿福吃。每次看到阿福，少年都亲切地抚摸它、抱它，阿福也非常喜欢这样关心自己的少年。

然而，不知道从什么时候开始，少年不再来看阿福了。阿福每天都等着少年，因为它始终无法忘记少年曾经给它的温暖怀抱和关心。

有一天，少年突然出现在阿福面前，手里却抱着一只可爱的白色小狗。阿福失望地看着少年，既没办法叫，也没办法哭。看着少年远去的背影，阿福明白了，原来少年曾经的关心并不是爱，只是单纯的"好意"，而自己却把它当成了爱，这是自己的错，不是少年的错。这样想着，阿福受伤的感觉便慢慢消失了。

或许除了出生的那一瞬间，每个人都会在不知不觉中受到伤害或伤害别人。受到伤害的人为了不再受伤害，都会拼命地筑起一道墙，但这样做却只会给自己造成更大的伤害。所以，当你受到伤害的时候，坦然接受才是最正确的方法。也许伤害你的人只是在无意间说出一些你不喜欢的话，仅仅因为这样不确定的事情就关闭自己的心门，只会让自己更辛苦。

同样，你也会在无意间给他人造成某种伤害。每当人们意识到自己伤害了别人时，都会产生一种恐慌。除了伤害对方的行为外，认为对方可能会受到伤害的想法也同样会让你的心理严重受挫。既来之，则安之，积极妥善地解决问题才是最理智的方法。如果仅仅因为自己的无心之举就一直耿耿于怀，也只会给自己徒增烦恼。

人生在世，谁能不犯错？我们应该学会原谅别人，更要原谅自己。也许别人伤害了自己，但让伤害升级加深就是自己的错误，就让受伤的感觉随风飘去吧。只有自己才能治愈自己的伤疤。

南希是我在留学的时候遇到的，她总是独自一人，阴郁的表情似乎就是她的招牌。平时，她总喜欢一个人待在房间里。如果在校园里看到了韩国人，她会因为害怕打招呼而躲开。从认识她的那天起，我就认为她是一个内向的孩子，但后来我才发现，她原本不是这样子的。

有一天，我进入一个学姐的个人博客，从她的相册里我看到了一个熟悉的身影，我肯定那就是南希。她在朋友们中间开朗地笑着，照片中，她化着漂亮的妆，穿着漂亮的衣服，一开始我还以为看错了人。

我满是疑惑，便询问了那个学姐。学姐说："不知道南希受到了什么伤害，或许是她最亲近的人伤害了她，所以才变成那样，总是一个人待着。"听了学姐的话，我为南希感到可惜。于是，我经常带几个朋友，邀她吃饭、喝咖啡，我想，或许这样会让她恢复原来的样子。

可是后来，我从别人那里听到了南希的话："真不知道他们到底是出于什么目的，为什么突然对我这么好呢？真奇怪，希望他们不要再管我了！"

其实，将她关在鸟笼里的人，并不是伤害她的人，而是她自己。不过幸运的是，拿着钥匙的人也是她自己。真想告诉她，外面的天空多么蓝，从没有自由的鸟笼里出来吧，做一只可以尽情飞翔的鸟儿吧！

如果在无意中受到了伤害，便将自己受到的伤害深深地藏起来，这样的伤口是永远不会愈合的。如果长时间关着心灵的门，它就会慢慢变成不透风的墙，永远无法开启。亲爱的，我们要有一颗强大的内心。从受伤的牢笼走出来，让伤口接受大自然的洗礼吧，你将发现，阳光依旧是那样的灿烂，天空依旧是那样的蓝！

Princess's Wise Saying

当生活给你 100 个伤心的原因
你就还它 1 000 个微笑的理由

打磨海边石头的不是凿子、斧子之类的工具,而是每天都像手一样抚摩它的海浪。(**法顶大师**)

过去是痛楚的,但我认为你要么可以逃避,要么可以从中学习。(**电影《狮子王》**)

充满欢笑的脸,并不是意味着没有悲伤。但是却意味着他们有能力去处理悲伤。(**莎士比亚**)

懦怯囚禁人的灵魂,希望可以令你感受自由。强者自救,圣者渡人。(**电影《肖申克的救赎》**)

如果这个世界不公平,或让人无法理解,那么壮阔的景致会提示我们,世间本来就是如此,没有什么好大惊小怪的。

(阿兰·德波顿)

生活不可能像你想象的那么好，但也不会像你想象的那么糟。我觉得人的脆弱和坚强都超乎自己的想象。有时，我可能脆弱得一句话就泪流满面，有时，也发现自己咬着牙走了很长的路。（**莫泊桑**）

我们执著什么，往往就会被什么所骗；我们执著谁，常常就会被谁所伤害。所以我们要学会放下，凡事看淡一些，不牵挂，不计较，是是非非无所谓。无论失去什么，都不要失去好心情。把握住自己的心，让心境清净，洁白，安静。

（**星云大师**）

累累的创伤便是生命给予我们的最好的东西，因为在每个创伤上面，都标志着前进的一步。（**罗曼·罗兰**）

那些敏感的人可能比不敏感的人更痛苦，但是如果他们懂得并且超越了自己的痛苦，他们会发现不可思议的东西。（**克里希那穆提**）

当我们在孩提时，我们常想，当我们长大后就不会再受到伤害。但成长就是要去接受自己的弱点，而活着就是要承受伤痛。（**马德林·英格**）

Chapter IV

蝶变·情感联结

我是善良的公主，神奇的魔法将赋予我纯正的能量。
　　感恩亲情的洗礼，品尝友情的甘露，期盼真爱的降临，我爱的人是我生命中最珍贵的港湾！

想法是人生中的盐。正如吃饭时,为了调味需要放盐一样,在行动之前先仔细想一想吧。

(爱德华·布威·利顿)

Positive Energy

在纷繁的人际中传递正能量

多一分理解和宽容

有一天,卡耐基收到了一封批评自己演说的信件。他感到了无法忍受的侮辱,于是决定写一封兼有批评和嘲笑意味的回信。

因为心中太过愤怒,他一口气写满了5张信纸,等他把信折好准备寄出去时,才发现秘书已经下班了。没办法,卡耐基只好把回信放在抽屉里,打算明天再寄。

第二天早上,卡耐基无意中看到了自己昨天写的信,突然脸红了。他想,再怎么生气,也只是过了一天就不记得的事情,自己却如此小气,真是惭愧。于是,他终于以一句"感谢你的忠告"回信了。后来,无论有什么生气的事,他总是忍耐一天,然后再作决定。

如果有什么事或人让你感到很生气,那么,请先让自己冷静下来,思考一分钟。即使是非常重要的事情，也要给自己一天的时间平静心情，在心情平静之后再生气也不迟。不过，只要我们当时能够忍耐，冷静之后的自己一般都不会再气冲冲了。

另外，当所有人都批评一个人的时候，你一定要对他说"我理解你"，也许你不经意的一句话，却如同他的救命稻草一般无比重要。如果有一个人对你说了这样的话，你的体会就更加深刻了。

假设你在开车，碰到前面的车开得很慢，你的反应会是怎样？或许会因为着急而不停地鸣笛，催促前面的车吧？这时，如果你能忍耐一分钟，停下要按喇叭的手，静下心来想想：也许那个人是第一天上路的新手，也许是因为刚刚失恋，也许是因为什么人的离世而感到伤心才导致无法正常开车……想完了这些，或许你的心情就不那么烦躁了。

是的，当别人带来不便或让你感到不自在时，如果能够怀着宽容的心，试着站在对方的立场上想问题，我们就不会急躁和生气了。

有一年冬天，我坐长途汽车去奶奶家。汽车行至中途，上来一个衣着不太干净的大叔。我一边想"千万不要坐在我旁边呀"，一边警惕地看着那位大叔的走向，结果，他还是坐到了我的身边。大叔刚坐下，就传来一股很难闻的味道，想到还有两个小时要与这位大叔同行，我觉得真是倒霉！但是总不能把他赶走吧，所以我故意把头扭向了窗户边，明摆着要和他划清界限。大叔可能觉得不好意思吧，只见他一直缩着身体，尽量离我远一些。另外，汽车里的暖气很热，他可能担心有味道，所以还一直紧紧地抓着自己的大衣领子。

看着这样的大叔，我觉得他挺可怜的，心想：如果我父亲年纪大了没人照顾，也可能会有难闻的味道，如果别人都不想和他坐在一起，那他多伤心啊！虽然有些勉强，但一想到父亲也可能遭受到类似的待遇，我还是忍受了大叔身上难闻的味道。经过休息站的时候，我买了两瓶饮料，递了一瓶给那位大叔。他惊喜地看了看我，站起来接过饮料，说了声"谢谢"，然后以舒服的姿态坐下了。我隐隐地发现，大叔的眼睛里似乎闪烁着晶莹的泪水。我仅仅是付出了一点耐心和宽容，却让大叔感到自己得到了尊重和关心。

偶尔搭公交车或地铁的时候，会看到一些抢座位的大婶，我觉得她们很讨厌。不过，一想到"也许妈妈累了也会那样"，就理解她们了。大婶这样做，一定有理由：她也许是打扫下水道、正准备回家的家长，也许是在饭店工作了一整天、为了给孩子攒一点学费的母亲……如果对待任何事情，我们都能站在他人的立场上看问题，怀有一颗宽容的心，任何事情都没有想象中那么复杂了。不管是浑身散发恶臭的大叔，还是抢座位的讨厌大婶，无论是谁，都不要瞧不起他们，不要因为他们给自己带来了一点不便，就不分青红皂白地抱怨；否则，不仅事情会变得更糟，还会破坏自己的好心情，长此以往，脾气就会变得愈来愈暴躁。

每当碰到这种情况时，我们还要多想一想，也许不知哪一天，我们也会像她们那样成为别人评判的对象。将心比心，我们就会慢慢宽容起来。与其挥动食指指责别人，还不如伸出我们温暖的手，传递爱心的火花。

向榜样看齐

卡拉是个化妆品宣传员，她和同事们经常谈起人气非凡的帕妮。帕妮是公认的能力最强的女职员，再加上美丽的外貌，很多女人都嫉妒她。然而，卡拉却真心羡慕她。每次看到举止优雅的帕妮，卡拉都在想：她不管做什么事情都会得到人们加倍的赞扬，人们那样喜爱她，我也想变成像她那样美丽能干的女人。

公司里还一个名叫海蒂的女职员，虽然有一副可以和模特相比的身材和美貌，而且也很能干，但大家却都不怎么喜欢她，卡拉想不通是怎么回事。

后来通过观察，卡拉终于找到了海蒂不受大家喜欢的原因。海蒂虽然很漂亮，却总是摆出一副高傲的姿态。大家跟她说话的时候，她都不太在意，更别说微笑了，她总是陷在自满的状态中，自己还不知道。与此相反，帕妮总是笑吟吟的，真心地倾听别人说话。帕妮虽然没有特别出众的外貌，但总是散发着迷人的光彩，亲切而又友善的态度使很多人都愿意围在她的周围。

从那时起，卡拉就下决心向帕妮学习，学习她的谦虚和诚实；学习她把关怀别人当成自己的重要事情；学习她总是主动和别人打招呼，脸上始终挂着灿烂的微笑；学习她走路时充满自信的步伐……渐渐地，性格内向的卡拉也变得越来越自信了，做事更积极了，身边慢慢开始聚集起一些朋友。

人不免有嫉妒心，都会在比自己强的人身上挑毛病，但若以说某人坏话而寻求心理平衡就不正常了。这样做除了浪费自己的时间、破坏自己的形象外，什么也得不到。让我们放弃嫉妒心，改用羡慕欣赏的眼光吧。如果你真心地羡慕一个人，就会把那个人当做自己的榜样，努力成为那样的人，让自己的身上也散发出同样美好的光芒。

Princess's Magic Tips

*如何成为正能量公主？

活在当下，爱自己，爱别人，爱这个世界。
看好笑的漫画、电视、录像，与朋友开玩笑。
让微笑的感觉发自你的内心，流遍全身，散发到你的周围。
多听表现积极情绪、动听美妙的音乐。
常运动，保持血流通畅，使身体拥有健康活力。
跳舞，放松自己的身体。
唱歌，抒发内心的美好感受。
祈祷，把你的愿望告诉宇宙或者神灵。
阅读内容积极、有激励作用的书籍。
从事创造性活动，可以写诗、作画、雕塑、设计、做家具等。
赞美你所看到、经历的美好的人和事。
坚持写感恩日记。
改变生活习惯，坚持30天不抱怨。
与大自然亲密接触。
吃点美味的食物，喝点可口的饮料。
跟你所喜欢的人分享爱和快乐。
整理居室、办公室，搞清洁卫生。
就像已经实现梦想时那样生活。
跟积极向上乐观的人在一起。
多看好的消息，尽量避免坏的消息。
每日反省自己。
种花、浇水。

Princess's Wise Saying

给别人的生命带来阳光
自己也会享有阳光

想法是人生中的盐。正如吃饭时,为了调味需要放盐一样,在行动之前先仔细想一想吧。

(**爱德华·布威·利顿**)

据我所知,最大的乐趣是暗中做好事又被人偶然发现。(**查尔斯·兰姆**)

老吾老以及人之老,幼吾幼以及人之幼。(**《孟子》**)

我所知道的最愚蠢的人,就是那些自以为无所不知的人。(**马尔科姆·福布斯**)

我们确实活得艰难,既要承受种种外部的压力,又要面对自己内心的困惑。在苦苦挣扎中,如果有人向你投以理解的目光,你会感到一种生命的暖意,或许仅有短暂的一瞥,就足以使我兴奋不已。(**塞林格:《麦田里的守望者》**)

如果说成功有任何秘诀的话，那就是要从别人和自己的角度看问题了。（**亨利·福特**）

嫉妒表面上是对别人不满，实际上反映的是对自己不满。我们在哪些方面意识到自己的不足，就会在哪些方面表现出对别人的嫉妒。

（**希阿荣博堪布：《寂静之道》**）

记忆是一种相聚的方式，忘却是一种自由的方式。我从健谈者那里学会了静默，从狭隘者那里学会了宽容，从残忍者那里学会了仁爱。但奇怪的是，我对这些老师并未心存感激。

（**纪伯伦：《沙与沫》**）

沟通最大的问题在于，人们想当然地认为已经沟通了。（**萧伯纳**）

我们把心给了别人，就收不回了，别人又给了别人，爱便流通于世。（**顾城**）

拥有真实意识的灵魂，会发现比自己更杰出的东西，这就是对于称赞的理解。从根本上讲，所有人都很伟大，很了不起，所以不管怎么称赞一个人都不为过。让我们培养一双能够在别人身上发现闪光点的眼睛吧。

（纪伯伦）

不要吝惜你的称赞

召唤自信的咒语

称赞如同召唤自信感的咒语一样具有魔力，那些被认为"不一定成"的事情可以因称赞而变成现实，因为称赞使人们得到了自信心，从而激励自己的能力发挥到 120%。

迄今为止，麦当娜仍被称为"世界巨星"。她走到现在的位置，也是因为小时候的一句称赞。麦当娜 14 岁时，遇见了舞蹈老师克里斯托弗·费林，他在见到麦当娜的第一瞬间，便这样赞叹道："你怎么长得这么美丽！你的脸就像古罗马的神像一样标致。"

对于老师的称赞，麦当娜虽然脸红了，但她却因为这一句称赞而相信自己真的很美丽。从此，她充满了自信。成名后的麦当娜曾经说，费林的称赞改变了自己。这或许是她能取得成功的原因之一吧！

费林生病住院后，已经成为世界级巨星的麦当娜承担了他的所有医药费。最后，还在他的葬礼上为他诵读祭文，表达对他不变的感谢和爱，因为在她看来，是费林点亮了她人生的灯塔。

化腐朽为神奇的魔力

一群高中男生一起做游戏，而这个游戏的惩罚规则很有意思，如果谁在游戏里输了，就要在接下来的3个月里，每天都对班里最难看的女同学说一次恭维的话。

为了逃避这个难堪的惩罚，他们使出了浑身解数，丝毫不敢懈怠。不过，既然有胜者，必然也有败者。其中，颜同学一瞬间放松警惕，输掉了游戏。

颜同学觉得无所适从，心想怎么可以对那么难看的女生说漂亮呢？那该有多丢脸啊！但谁让他输了呢。无奈的他只好对全班公认最难看的奥丽芙说了一句"你变漂亮了"。

一天天过去，颜同学说尽了好话给奥丽芙听。"你的发型好酷啊！""你瘦了耶，似乎变得更漂亮了！"……

按照惩罚的规则，颜同学要说够 3 个月才行，而且每天都要说一次。这么一来，颜同学说得多了，反而得了诀窍，接下来的日子仿佛也没有想象中那么难过了。在 3 个月的时间里，颜同学用尽了词汇，称赞奥丽芙变漂亮了。

3 个月很快就过去了，到了高中三年级的时候，奇迹居然出现了，被大家公认的丑女奥丽芙竟然发生了惊人的变化：她真的变得比以前漂亮了，再加上已经树立起来的自信心，在不知不觉中，竟成了校花。最后，颜同学和奥丽芙还成了一对校园恋人。

虽然一开始，颜同学并不是出于真心称赞奥丽芙，但对于奥丽芙来说，称赞却给了她无比珍贵的信心，最终使奇迹发生。称赞具有变不可能为可能的魔力。因此，不管是谁，一旦得到某人的称赞，便会为了满足那人的期待而更加努力，并最终发生神奇的变化。可以这样说，人的才能是向着受到称赞的方向发展的。

我们每天都不要忘记称赞自己和他人。对自己的称赞尽可能不要让别人听到，而对别人的称赞却一定要尽可能大声地说出来。把你的称赞送给那些完全没有期待的人吧，在不知不觉中，那个人也许真的会变成你所称赞的样子。

工作中，当你见到不太熟悉的新职员时，可以说："你今天真的很漂亮呢，有什么好事吗？"看到打扫卫生的大婶时，可以说："办公室比以前更整洁了，你工作起来真是干劲儿十足呢。"虽然你只是说了那么几句话而已，但对于她们来说，这可是世界上最珍贵的礼物。

当我们去饭店吃饭时，如果食物很好吃，就不妨称赞一下厨师吧。对厨师而言，最好的事莫过于听到客人称赞自己做的菜味道好。如此一来，你下次肯定也会吃到更加美味的食物。同时，不要忘记对服务员说："你的服务真是太好了！"知道自己的工作得到了客人的肯定，服务员会觉得很有成就感，以后也会给你提供更好的服务。

当我们去美容时，不要忘记称赞发型设计师的绝妙设计；对经常去的服装店老板，不要忘记对她说自己很喜欢她店里的衣服，设计得很好，价格也不高……

对我们来说，几句称赞实在是再简单不过的事情，又不用花钱，何必那么吝啬呢？如果一句称赞就可以得到很大的价值，那么就没有比这个更好的回报了。当然，我们也不是为了得到回报才去称赞，而是在称赞别人的同时，你的心情也会变得很好。

在我就职的公司里，一个女同事有很好的业绩。说实话，我真的很嫉妒她，但又觉得那么认真工作的她真是很了不起，于是我还是由衷地称赞她说："你干得真好。"听到我的话后，她开心地笑了，现在我们还成了很好的朋友。

因此，就算对某人有些嫉妒，也不要吝惜你的称赞。如果对竞争者尚能传递真心的称赞，那么我们就能和任何人建立很好的关系。人的一生都活在这样或那样的关系之中，如果我们的关系处理得当，自然也就可以保持好心情。

Princess's Wise Saying

美无处不在
缺的是发现美的眼睛

拥有真实意识的灵魂，会发现比自己更杰出的东西，这就是对于称赞的理解。从根本上讲，所有人都很伟大，很了不起，所以不管怎么称赞一个人都不为过。让我们培养一双能够在别人身上发现闪光点的眼睛吧。（纪伯伦）

使用友善温和的语言，会将事物带向好的方向；而恶言相对时，则会带来不好的结果。语言能非常深刻地影响我们的意识，所以不管我们做什么，都应该采取积极的语言，让事物朝着健康的方向发展。

（江本胜：《水知道答案》）

赞扬是一种精明、隐秘和巧妙的奉承，它从不同的方面满足给予赞扬和得到赞扬的人们。（拉罗什夫科）

要改变人而不触犯或引起反感；那么，请称赞他们最微小的进步，并称赞每个进步。（戴尔·卡耐基）

你可以体会别人的感情，你有一份祝福、赞扬、鼓励和爱可以给予你的同类。通过慷慨地给予这些东西，你也会得到同样的东西作为回报。用你自己的方式，你可以为与你相处的人、你的朋友、你的同事和爱人增加价值。当你建立和增强别人的自信时，你也使他们让你和他们周围的其他人增加价值。每一次你改善别人命运的时候，你为别人树立了一个榜样并给别人增添了一道美好希望的波纹。

（沃特·斯塔普斯）

除非一个人受到别人的尊重，否则他是不会快乐的。愿意成功与人相处的人永远也不要忘记：我们与自我处于相互掌握的状态，一句赞扬的话有时能起到不可替代的作用。（福布斯）

称赞不但有利于感情，对人的理智也起着很大的作用。（列夫·托尔斯泰）

赞扬，像黄金钻石，只因稀少而有价值。

（塞缪尔·约翰逊）

欣赏者心中有朝霞、露珠和常年盛开的花朵，漠视者冰结心城、四海枯竭、丛山荒芜。

（培根）

临终的瞬间,没有一个人会后悔"我应该把更多的时间,用在工作上"。

(彼得·德鲁克)

常伴父母左右

家人是我们最重要的存在

迎面走来一个背着跟自己差不多大小的背包的女孩，她一边问我是不是韩国人，一边向我走了过来。

听说我也是韩国人后，她显得很开心。她说，终于实现了自己多年以来的旅游梦想，兴奋的她跟我说了很多话。就这样，我们很快便成为了旅行中的朋友。从谈话中得知，她是一个初中教师，这次是带父母旅行前进行的调查。她跟我解释说，父亲的腿脚不方便，事前调查一下要旅行的地方是很有必要的。

原来，在她读初三的时候，父亲在一次交通事故中失去了双腿。从此，母亲为了维持生计，给别人送牛奶，到饭店里做杂工，不管什么事情都做。为了不拖累妻子和女儿，她的父亲曾经试图自杀。虽然父亲残疾了，但她却始终非常热爱父亲，对父亲充满了感激，直到现在，她都一直守在亲人的身边。

坐在多摩广场上，听她诉说家族史和困苦的人生，我的心里还真有些慌张。虽然她的家境不是很好，但我却感觉她是一个非常美丽而又坚强的公主。在诉说时，她还流下了眼泪，或许因为我不是她的同事或熟悉的朋友，所以她才更容易把自己的事情以及无法启齿的忧郁全部倾诉出来。

她轻轻地抹了一把眼角的泪水，给了我一个无比灿烂的微笑，说道："现在，我是家里的顶梁柱了，我终于可以代替妈妈照顾爸爸了，真是太好了。"

听她如此形容自己的情况，我的心里对她充满了敬佩。我小心翼翼地问她有没有埋怨过父亲，她这样回答道："怎么会呢？我很感激爸爸呢！他从来不像房东家的大叔那样天天喝酒，回家后就打老婆孩子；除了妈妈以外，爸爸没有看过别的女人；别人家里的大叔因为打麻将，还把房子输掉了，我爸爸从来没那样做过。我爸爸是这个世界上最好的爸爸，因为他是我爸爸，所以我真的很感谢他。"

听了她的话，我忽然发现自己从来没有想过要感谢父亲，的确，要感谢父亲的事情不知道有多少呢。

感谢他生下了我,给了我生命;感谢他一直都很健康;感谢他没有喝酒;感谢他一直都很开心地活着……

如同教导过我的所有人都是我的老师一样,她也是我的老师。虽然现在不知道该怎么联系她,但我真心地祈望她能实现带着家人一起去欧洲旅行的愿望。

如果有人问你,到现在为止,对你最重要的是什么?你的回答可能是成功、名誉和金钱。然而,对我们来说,最重要的应该是家人。想一想,我们是否对异性朋友或别人总舍得大把花钱,而对自己的家人却很吝啬。虽然送别人礼物不是一件坏事情,但还是希望你回头看看,当你为爱人或朋友付出所有努力和时间的时候,是否也为家人付出过这些。我自己也是在写书的同时,做着这些反省,希望大家和我一样都能够意识到这个问题,并尽量弥补。

从现在起装扮父母的余生

在讨论如何尽孝这个问题时,一定会有人说:"等我成功了,赚到了数不尽的钱之后,就一定会让他们过上好日子。"然而,这些想等自己成功之后再一次性尽孝的人,大都往往只能眼睁睁地看着父母离开而什么也不能做，然后再悲痛地流下眼泪。

几年前，某电视购物中心电话推销员英姝给她13年来一直开着古董车的父亲买了一辆分期付款的轻型车。为了还贷，她经常加班，尽管有些累，她却仍然感到很轻松、很高兴。她说，一想到父母向别人宣扬女儿给自己买了车，就觉得不管怎样都要坚持下去，她感到很快乐。

对于她这样的想法和做法，几个朋友都不理解，她们都说，就拿那么一点工资，怎么尽孝啊？等我赚了大钱，我就一次性尽完孝道，让父母去做一次全球旅行，那才是真正的孝顺呢。

3年后，英姝交齐了分期付款金额，又开始准备让父母去菲律宾旅行的费用，一个月只要攒下10万韩元（约合人民币600元）就够了。与此相反，当初说英姝不自量力的朋友们还在为了归还信用卡透支的钱而四处奔波。

大部分人都和英姝的那些朋友们一样，一直都是视自己的情况而尽孝道。"等情况再好一点""只要还完债""等到升职"……结果，往往大孝没尽到，小孝也没有机会尽了。

亲爱的，让我们从一点一滴做起吧！从现在开始，和父母一起吃饭聊天，常回家看看，送一本好书，常打电话……虽然事情都很小，但里面包含着无价的孝道。以前，我的梦想通常是"比某某提前一步成功"，而从今天开始，我的梦想是，"和亲爱的家人、亲密的爱人在一起，幸福美满地度过每一天"。

趁父母都还健康的时候，多和他们待在一起，或者一起出去旅行，多积累美好回忆吧，因为不知道什么时候，我们的父母就会悄然离开我们，那时再想尽孝道就没有机会了。《小王子》的作者圣埃克苏佩里说过："父母把我们的小时候装扮得很美丽，现在是我们把父母的余生装扮得更加美丽的时候了。"的确如此，我们长大了，父母等待着我们的"反哺之爱"。人老思亲，子女就是老人最大的精神寄托。所以，请大家在繁忙之余，抽出时间尽量多陪陪父母吧。

Princess's Wise Saying

亲爱的父亲母亲
感谢你们给了我宝贵的生命

临终的瞬间,没有一个人会后悔"我应该把更多的时间,用在工作上"。(**彼得·德鲁克**)

人,即使活到八九十岁,有母亲便可以多少还有点孩子气。失了慈母便像花插在瓶子里,虽然还有色有香,却失去了根。有母亲的人,心里是安定的。(**老舍**)

只有通过爱,我们才能找到生命的意义。当我们在爱中成长时,我们自己就成了生命的意义。

(**大卫·斯坦德-拉斯特**)

我们骄傲地对父母表现我们的任性,我们对他们发脾气,轻易地伤害他们。我们凭什么呢,凭的不过是一种信心:就算我们再怎么任性,他们依旧守在我们身旁,不离不弃。

(**沈奇岚**)

我的生命是从睁开眼睛,爱上我母亲的面孔开始的。

(乔治·艾略特)

这辈子,我们得到的最珍贵、最神圣的礼物就是家人。如果你背弃了自己的家人,那个时候你就真的一无所有了。

(电影《牛仔裤的夏天》)

母爱是多么强烈、自私、狂热地占据我们整个心灵的感情。(邓肯)

妈妈是我最伟大的老师,一个充满慈爱和富于无畏精神的老师。如果说爱如花般甜美,那么我的母亲就是那朵甜美的爱之花。(史蒂维·旺德)

我之所以存在,那是因为有那么一些人,知道我的存在。我之所以幸福,那是因为有那么一些人,明白我的幸福。我之所以哭泣,那是因为有那么一些人,懂得我的伤痛。

(托马斯·格拉维尼奇)

全世界的母亲多么的相像!他们的心始终一样。每一个母亲都有一颗极为纯真的赤子之心。(沃尔特·惠特曼)

现在，社会上最严重的疾病不是麻风病，也不是结核，而是人们之间的漠不关心。身体上的疾病可以用药物来治疗，而治疗孤独或抑郁症的良药就只有爱。

（特蕾莎修女）

用真心对待周围的人

像大树一样的女人

人生在世,做人最好不要过于精打细算,斤斤计较。

"为这个人做那么多事,他才给我多少回报""我对那个人好,她对我也还是那样"……千万不要这样比较,也不要期待你会得到多少,因为一旦达不到你所期待的程度,你们之间就会产生芥蒂。想想看吧,如果你周围的人都像你这样,为了得到什么才待在你身边,那多可怕呀!

每个人都有自己的魅力,但只有当那个魅力被找出来的时候,才能得到大家的好感。当我们视一个人如空气,并不是说他真的不存在或形体消失了,而是说人们完全忘记他了,他的魅力消失了。然而无论任何人都有他独特的地方值得我们学习。因此,虽然对方有一些缺点，但人无完人，我们还是努力寻找他的优点吧。

"金代理虽然在处理事情的时候，总是让人等得很不耐烦，但事情一旦经他处理，就没有必要再去过问了，因为他是一个非常细心的人""我们社长最大的缺点就是固执，不过，如果没有那种固执，或许我们就不会争取到这份协议了。所以我们还是要学习社长从不放弃的斗志""虽然那个拍马屁的同事凯特很讨厌，但如果没有她在，或许我们这个组早就解散了呢。每次遇到困难的时候，都是她让我们重新团结起来，为了营造团结气氛而努力的人也是她呀"……都是值得我们学习的说话方法。

像上面所举的例子一样，善始善终也是维持良好人际关系的一个重要方法。无论是对事还是对人，如果结果不好，那么前面再怎么好也没有用了。在社会生活中，我们经常会遇到这样的女人：她从来不错过公司会餐的机会，经常成为同事的领头人，而且还经常做出一副为了公司连生命都在所不惜的样子。可最后她连一句话都不说就背叛了公司，跳槽到别的公司去了。像这种每天转动脑筋、想尽办法营造人际关系的女人，虽然外表看起来很热情，但其实却是最不讲情义的势利小人。

世界很大，有时候它也很小。谁也说不准，在什么时候我们还会相见。因此，让我们做一个像大树一样的女人吧。

日久见人心

保罗和艾伦都是某大学影视专业的新生。保罗性格开朗活泼，从一开学就得到了学长和朋友们的关心。艾伦自从知道自己崇拜的学长喜欢保罗之后，就一直很羡慕他。后来，保罗又被选为新生代表，虽然艾伦也是其中的一员，但总有一种陪衬的感觉。

时间慢慢过去了，人们对保罗渐渐失去了耐心。原来，保罗是一个很自负的人，对自己提出的意见丝毫不会妥协，因为他总认为自己是不会错的，别人必须无条件服从。如果有人提出反对意见，他就会立刻提高嗓门大吼。虽然人们在保罗的面前点头服从了，但是在背后却一致抱怨。最后，人们再也无法忍受保罗的霸道，纷纷远离了他。

与此相反，艾伦兢兢业业地做着自己的事情，认真地帮助别人。每次提出自己主张的时候，他会说出别人可以接受的理由，另外，他还积极地将别人的主张反映出来。到了大三的时候，在朋友的推荐下，艾伦成了课代表，并得到了教授的信任，决定让他进研究生院继续深造。

绳子是长是短，要量了才知道，是金子就总有发光的时候。虽然保罗在刚开始的时候得到了大家的青睐，却不能保持良好的心态，让大家对他的好感维持下去。所以说，不必因为一开始没有得到青睐就过于失望。也许建造良好的人际关系并不难，但如何将它维持下去却一点也不容易。

第一印象在很大程度上决定了我们对一个人的判断，但我们也不能忽视第二印象、第三印象，以及一个月、一年以后的印象。第一印象一般都是以外在或气氛为标准判断的，而之后的印象则是以人格、行为以及真实的情绪交流等为标准判断的。其实，第一印象仅仅是感觉的差异，而以后的印象就是人格的差异了。

曾经有一个非常聪明、不管什么事情都干得很好的姐姐，在后辈的眼中一直是个英雄。然而，她却总是独自一个人行动，不管做什么事情都是如此。

我很佩服那个姐姐，也很想和她走得更近一些，但我却始终都没有机会靠近她。

有一天凌晨，她突然给我打电话说，如果有感冒药的话，就给她拿过去一点。因为大家都知道我从韩国带来了一些感冒药，所以朋友们生病的时候，都经常找我要。很显然，她一定是知道这个，才给我打电话了。看着像铁人一样坚强的姐姐，居然向我请求帮助，我想她的心里一定感到很痛苦，所以就跑过去看她了。果然不出我所料，她生病了，已经一整天都没吃过东西，看上去很憔悴。我为她熬了粥，并且一点一点地喂她吃，整天都守护在她的身边。后来，病稍微好一些的姐姐突然哭了，我明白她此刻的心情。自从那天以后，我和她才成了真正的姐妹。

通过这件事，我对原本表情冰冷、让人难以靠近的姐姐有了一种强烈的依赖感和亲近感，因为我看到了像我一样独自在异国生活的姐姐柔弱的一面。我还发现，给别人提供帮助是让对方对自己产生好感的一个方法。

一般来说,那些自尊心很强的女人都不想打扰别人,不管什么事情都想一个人解决,然而,未必任何事都能自己一个人做到。当人们碰到这一类型的女人时,大都只会想"认识一下也很好",但一般都不会产生"想和她做朋友"的想法。因此,如果你是这一类型的人,想和别人做朋友的话,就不能只知道给别人提供帮助,还要懂得向别人请求帮助,从而给别人创造想和你做朋友的条件。

"你想得到那个人的好感吗?那么就让那个人见到你慌张的样子吧。"这是陀思妥耶夫斯基说过的话。人们都有一个共同的特点,那就是如果知道自己是被某人需要的,就会喜欢待在那个人的身边。因此,把所有事情都做得非常完美的人,当她偶尔犯错的时候,如果也能够像普通人一样请求别人的帮助,就更能得到别人的好感。

Princess's Magic Tips

*世界是你灵魂的镜子

心中有爱,
看世界的眼睛才会纯净,
感觉世界很温暖。

心中有恨,
看世界的眼睛也会有杂质,
世界也会变丑恶。

心态变了,
世界也跟着变。

生活的好与坏,
人生的幸与不幸,
环境的好与劣,
一切都取决于你的心态。

以良好的心态面对生活,
你的生活才美好。

Princess's Wise Saying

世界有时候真的很小
一转身就不知道会遇见谁

现在,社会上最严重的疾病不是麻风病,也不是结核,而是人们之间的漠不关心。身体上的疾病可以用药物来治疗,而治疗孤独或抑郁症的良药就只有爱。(**特蕾莎修女**)

人生就是一列开往坟墓的列车,路途上会有很多站,很难有人可以自始至终陪着走完,当陪你的人要下车时,即使不舍,也该心存感激,然后挥手道别。(**电影《千与千寻》**)

我为你织网,是因为我喜欢你。然而,生命的价值是什么,该怎么说呢?我们出生,我们短暂地活着,我们死亡。一个蜘蛛在一生中只忙于捕捉、吞食小飞虫是毫无意义的。通过帮助你,我才可能试着在我的生命里找到一点价值。老天知道,每个人活着时总要做些有意义的事才好吧。

(埃尔文·布鲁克斯·怀特:《夏洛的网》)

没有人是独自存在的岛屿；每个人都是大地的一部分；如果海流冲走一团泥土，大陆就失去了一块，如同失去一个海岬，如同朋友或自己失去家园；任何人的死都让我蒙受损失，因为我与人类息息相关；因此，别去打听钟声为谁而鸣，它为你鸣。（海明威：《丧钟为谁而鸣》）

生活中最美妙的补偿就是当人们在诚心帮助别人的时候，自己也得到帮助。（爱默生）

我永远也不会说别人的坏话，我只会说所有我认识的人的好话。（富兰克林）

恨某人时，我们所恨的其实是他跟自己的相像之处。我们缺乏的内容并不会令我们激动。我们看到的事物，同时也是自己心中之物，真实无非就是心中的真实。因此大多数人的生活都是不真实的，因为他们只将外界的景象当成真实，压抑了自己内心的世界。那样他们会幸福，但却毫无价值。

（赫尔曼·黑塞）

分开时候的寒冷和拥抱在一起时被刺中的疼痛不断地反复着，最后我们学会了适当地保持距离。

(叔本华)

Separation

走自己的路，不为别人左右

不必苛求完美的人际关系

与人建立并维持良好的人际关系是一种非常卓越的能力。而做到既维持一定的距离，又能保持紧密联系则更重要。如果你感到与他人的关系过于疲惫甚至痛苦，就说明你在人际关系的距离把握方面还做得不够到位。

在我们的一生当中，总会遇见各种各样的人，怎样把自己见到的所有人都聚拢在自己的周围是一件很不容易的事情。随着年纪的增长，我们的人脉可能会不断扩大，但交情较深的朋友可能会减少。

不要妄想同周围所有人都建立起完美的人际关系，如果你的人际关系近乎完美，即使你被很多人围绕着，也仍然会感到孤独。在看似完美的人际关系中，你往往会遇到很多"不知道却假装知道""不是自己的却假装是自己的""把明显的谎话说成是事实"等虚伪不堪的事,这种关系不仅不会为你带来好处,还会始终困扰着你。所以,还是最好把这些若有若无的关系都清理掉,去结识一些真正的朋友吧。

　　济仁姐姐和秀智妹妹是我在教会里认识的两个好朋友,我们的关系非常要好。教会中几乎看不到韩国人,所以只要有韩国留学生,彼此之间没有不认识的。或许正是因为这样,我们之间的交流才格外多,而且还会彼此交换秘密。

　　有一天,我和济仁姐姐正在我家写报告,秀智来了。她看了看我们俩,然后小心翼翼地说道:"济仁姐姐,有个人骂你呢!"

　　听到秀智的话,我吃惊地瞪大了眼睛,生气地说道:"姐姐,你就是太善良了。在这里的留学生中,如果有谁没有得到过姐姐的帮助,就让他站出来,让大家看看他是谁,到底都骂了些什么呀?"

　　我怒气冲冲地说着,似乎被骂的人是我。而姐姐却好像没事人似的说道:"怎么可能使所有人都喜欢我呢?再说了,那里又没有不准骂我的规定。在这个世界上,有些人说别人坏话是出于嫉妒,有些人是出于没事干，做一些无聊的事情而已，就像我们随便议论别人一样啊！以前，如果我听说有人骂我，就会很好奇地一直追问下去，可是结果呢，除了伤心之外，只会徒增对那个人的埋怨，当初还不如不问。就说这次吧，如果是别人对我做错事情提出忠告，那我在听完之后，可以马上改掉也是好的，但如果仅仅是说我的坏话而已，那我是不是不听会更好呢？所以，你们不用管什么坏话，也不用总是把那些话放在心上。"

听完姐姐的话后，我在处理人际关系时就很少再感到有压力了。想想也是，在这个世界上，任何两个人都不可能完全相同，所以又怎么可能做到让所有人都满意呢？正如一枚硬币有正面就有反面，既然有喜欢你的人，也一定会有讨厌你的人。如果每天都因别人的不满而感到难过伤心的话，人生也就没有一丝乐趣了。

即使人气再旺的演员，也有针对他的 antifan（反明星组织）。如果艺人因为讨厌自己的 antifan，就胆小地把自己藏起来，他的演艺生涯也就到此结束了。所以，为了不让喜欢自己的粉丝们失望，艺人们反而会更加努力，如果他们对所有 antifan 的话都信以为真并——考究的话，那么被气死的艺人也就数不胜数了。

普通人也是一样，如果发现有不喜欢自己的人，不用太在意。相反，我们要为那些知道自己价值和相信自己的人更加努力。如此发展下去，你才会变得更加成熟，即使是那些讨厌你的人，也会对你也改变看法。

远离伤害你的人

如果你受到了某人的伤害，就不要再维持与他的关系了。如果那个人是有意这样做的，你就更要与他断绝关系。不要想在所有人面前都显示你的善良，要知道，每个人的脸都会因交往对象的不同而发生变化。所以，根本没有必要对那些卑鄙自私的人表现出你天使的面孔。

你或许害怕被那个人骂，或害怕别人看你的眼光，就算是那样，也一定要与那种人断绝关系。如果你执意要和那样的人保持紧密的关系，最后受伤的只有你自己。我所说的断绝关系是指毅然地采取行动，也就是说，完全忽视那个人的存在。不管他怎么和你搭话，都要做出一副"爱怎样就怎样"的漠不关心的样子。

总之，绝对不能在那个人面前表现出你真实的情绪，最重要的是，让那个人不再对你感兴趣。

花儿需要剪枝，就是为了避免那些没用的树枝抢走主干的养分。同样的道理，如果你对那些不是真心对你的人过于热情，岂不是白白浪费了自己的感情。如果将这些感情用在那些真正的朋友身上，那该多好啊！所以，哪些是需要我们真诚对待的人，哪些是需要我们断绝关系的人，我们一定要做到心中有数。正如肯尼迪所说："要像对待火一样对待别人，不要靠得太近，否则就会被烫到；也不要离得太远，否则又会被冻死。"与建立人际关系一样，维持人际关系也同样重要。

Princess's Wise Saying

有人将你从高处推下的时候
恰恰是你展翅高飞的最佳时机

　　分开时候的寒冷和拥抱在一起时被刺中的疼痛不断地反复着，最后我们学会了适当地保持距离。（叔本华）

　　你的时间有限，所以不要为别人而活。不要被教条所限，不要活在别人的观念里。不要让别人的意见左右自己内心的声音。最重要的是，勇敢地去追随自己的心灵和直觉，只有自己的心灵和直觉才知道你自己的真实想法，其他一切都是次要。

（乔布斯）

　　对于人际关系，我逐渐总结出了一个最合乎我的性情的原则，就是互相尊重，亲疏随缘。我相信，一切好的友谊都是自然而然形成的，不是刻意求得的。我还认为，再好的朋友也应该有距离，太热闹的友谊往往是空洞无物的。（周国平）

我这个人是那种喜爱独处的性情，或说是那种不太以独处为苦的性情。每天有一两个小时跟谁都不交谈，独自跑步也罢，写文章也罢，我都不感到无聊。和与人一起做事相比，我更喜欢一个人默不作声地读书或全神贯注地听音乐。只需一个人做的事情，我可以想出许多来。

（村上春树：《当我谈跑步时，我谈些什么》）

我今晨坐在窗前，世界如一个路人似的，停留了一会儿，向我点点头又走过去了。**（泰戈尔：《飞鸟集》）**

有时候生活里会发生这样的事：你遇到一个有神秘感的人，你们在一起很愉快，然后你想延续这样的经验。但当你过分深入，什么都知道了以后，就会感到隐隐约约的失望。我相信我自己是永远无法了解别人，我也不希望去了解，什么都知道反而会破坏未知的兴奋感。**（费里尼）**

用可以想到的一切方法都无法取悦一个人，那只能放弃，这就是最好的取悦。**（乔纳森·弗兰岑：《自由》）**

或许我们还真是天生的一对呢,都把见帅哥当成是一种乐趣。我们彼此都是对方的缘分也不一定呢?

(电视剧《欲望都市》)

朋友是上苍最珍贵的赐予

患难见真情

丽莲和海伦是初中同学。丽莲不仅长得漂亮,家里也很富有,朋友很多。因为家里有个很能赚钱的父亲,所以丽莲花钱慷慨大方。平时和朋友们一起出去玩时,为了显示自己的富有,一般都是她付钱。此外,丽莲还认识很多英俊成功的男士。

海伦与自己相比,除了公司和家里的事以外,其他什么都不懂,简直太死板了。所以,她与海伦之间仅仅是偶尔联系,关系一点也不密切。相反,丽莲与其他的朋友每晚都在江南区较火的夜总会穿梭,每天除了去名牌商店购物外,什么也不做。

突然有一天,丽莲父亲的公司破产了。雪上加霜的是,丽莲自己也遭遇了一场交通事故,住进了医院。消息传开后,那些天天围在她身边的所谓朋友一个也没有来看她，因为她们知道，丽莲再也没有钱请她们吃饭和购物了。最后，去医院看望丽莲的人，居然是平时总被她挖苦的海伦。海伦不仅每天都去看望她，还帮助她找回了从前的微笑。在丽莲出院以后，海伦还让她住在自己家里。

请你回头看看，你的身边是不是也有一群为了讨好你而使出浑身解数的朋友，如果有，你觉得那些人是你永远的朋友吗？

像丽莲身边的那些朋友，她们只不过是想借助她见到更多成功的男人，或者是为了不用付账就可以享受到美味食物和名牌商品。她们只是把她当成了一个能陪她们一起玩的人，同时又能为她们付账的提款机而已。现在回过头来想想，是多么令人伤心啊！相反，那些真正为你着想的朋友会远远地站在别处，看着已经完全变了味的你。

请回到曾经与你同甘共苦过的朋友身边吧！真正的朋友是与你共患难的人，而真正的友情是与财产无关的，是这个世上用任何宝物都无法换取的最珍贵的东西。

朋友是一种缘分

以"乡村医生"为账号、因在网上上传了有关股份投资的文章而成为话题人物的朴京哲是一个医生。如今,他和几个小时候意气相投的朋友在乡村开办了一家医院。

他们毕业于一流大学,本来可以在城市里过着丰衣足食的生活,却因为在医大四年级的时候,大家似乎开玩笑的那句"回故乡吧!"而最终影响了他们的选择。当时,出于给故乡的老人提供实质性帮助的想法,他们下定决心回到了故乡。

刚开始,他们虽然是为了那些还不能得到医疗救治的乡亲们才这样做的,但从没有想到会受到人们如此欢迎。当他们在医院里见到患者时,共同感到了身为医生的荣耀感。医生们也因为得到了比预想中多得多的东西而感到由衷的幸福。

由此可见,只要和意气相投的朋友一起努力,即使是不容易的事情,也能做好。

我们的一生中可能会遇到很多朋友,如果真正的朋友是在社会上取得了成功或在以后必定成功的人,那么,你肯定会从他们身上学到很多东西。如果现在的你还没有遇到这样的朋友，也没有必要感到不安，因为最好的朋友或许就是公司里遇到的那一个，也有可能是在旅行的路上遇到的一个陌生人，也或许是在自己家附近见到的一个熟人。总之，你只要从现在开始打开心灵的门，真实地对待自己和与别人之间的关系就行了。

英国的一家出版社曾经公开悬赏招募"朋友"的定义。以下是在数千张应征明信片中摘录的一些内容：

> 习惯将欢乐用乘法、痛苦用除法的人；
> 最能理解我们沉默的人；
> 像每时每刻都能告诉我们正确的时间、永不停息的钟表一样关心我们的人；
> ……

然而，最终取得第一名的人是这样写的：

> 朋友是当世上的所有人都离开我的时候，却来到我身边的那个人。

Princess's Magic Tips

*女人眼中的友情

家人不可能离开我,朋友永远不会离开我。

我们会尊重朋友的爱,因为那份爱,我们变得更加幸福。

友情可以包容对方的一切痛苦和错误。

朋友是和自己一起长大,又一起老去的人。

没有理由,却可以使彼此感到对方温暖的人。

虽然没办法一起度过一生中所有的时间,但很想与之一起做事的人。

只要和朋友在一起,就不会感到害怕和担心。

如果有人说我朋友的坏话,心中就会产生莫名的愤怒,即使那个人是我的家人。

为了对方的发展,暂时离开也不会感到害怕,因为我们深知彼此的心永远不会改变。

真实的友情,就像慢慢长大的树木一样绵绵不断。

虽然结识新朋友是一件很开心的事情,但更重要的是,如何守护老朋友。

友情就像陈年老酒,两个人在一起越久,关系就越醇厚。

如果说让女人更漂亮的是她的爱人,使女人变得更诚实的就是她的朋友。

真正的友情,可以让分享友情的双方都变成一个更好的人。

Princess's Wise Saying

当别人相信你脸上的笑容时
真正的朋友却能洞悉你眼里的悲伤

或许我们还真是天生的一对呢,都把见帅哥当成是一种乐趣。我们彼此都是对方的缘分也不一定呢?

(电视剧《欲望都市》)

于千万人之中遇见你所要遇见的人,于千万年之中,时间的无涯的荒野里,没有早一步,也没有晚一步,刚巧赶上了,那也没有别的话可说,唯有轻轻地问一声:"噢,你也在这里吗?"(张爱玲)

今天,炎暑来到我的窗前,轻嘘微语;群蜂在花树的宫廷中尽情弹唱。这正是应该静坐的时光,和你相对,在这静寂和无边的闲暇里唱出生命的献歌。(泰戈尔)

有三个人是我的朋友:爱我的人、恨我的人,以及对我冷漠的人。爱我的人教我温柔;恨我的人教我谨慎;对我冷漠的人教我自立。(J. E. 丁格)

我们无法选择自己的缺点，它们也是我们的一部分，我们必须适应它们，然而我们能选择我们的朋友，我很高兴选择了你……你是我最好的朋友。你是我唯一的朋友。

(电影《玛丽和马克思》)

可进可出，若即若离，可爱可怨，可聚而不会散，才是最天长地久的一种好朋友。（三毛）

我来这里是为了和一个举着灯、在我身上看到自己的人相遇。我们必须相信很多东西，才不至度日时突然掉进深渊。

(特朗斯特罗姆)

最要紧的是，我们首先应该善良，其次要诚实，再其次是以后永远不要相互遗忘。

(陀思妥耶夫斯基：《卡拉马佐夫兄弟》)

先看准了朋友，然后再爱他。不要因为先爱了他，就认做朋友。因为，只有心灵值得爱的人，才是值得去结交的人。

(西方谚语)

我俩的任务不是走到一块儿,正如像太阳和月亮,或者陆地和海洋,它们也不需要走到一块儿一样。我们的目标不是相互说服,而是相互认识,并学会看出和尊重对方的本来面目,也即自身的反面和补充。

(赫尔曼·黑塞:《纳尔齐斯与歌尔德蒙》)

爱是一种信仰

切莫为爱失去自我

柯文是个外表俊秀的男人，加上家庭富有，很多女孩子喜欢他。乔在留学的时候遇见了柯文，两人交往后同居了3年。为了他，本来性格就温顺的乔什么都肯做，也什么都愿意放弃。除了和他一样学习外，乔一个人包揽了所有的家务，做饭、洗衣、打扫卫生……女人就是这样，为了爱情，可以付出自己的全部。

然而，柯文却从来没有为了稳定他们之间的感情而做过什么，因为他知道，眼前的这个女人是绝对不会离开自己的。因为不太在乎乔，所以柯文仍然和别的女人频频约会。即使是这样，乔仍然哭着求他不要离开自己，为了不失去这个男人，乔变得更加顺从听话。

就这样，日子还没过多久，柯文就对乔感到厌倦了，于是，他终于向乔提出了分手的要求。虽然一直都害怕听到"分手"这两个字,但真正听到了,乔却没有想象的那样伤心。她觉得,在这段时间里,自己为了不听到那句话已经尽了力,既然它一定要到来,也没有必要再撑下去了,因为她也觉得那样的生活对她来说太死板了。就这样,两个人平静地分手了。

从那时起,乔重新振作起来,下定决心改变自己,她不但学习比任何人都努力,还积极参加各种派对活动。离开了从前一直不肯放手的男人后,乔仿佛重新认识了这个世界,呼吸着自由的空气。另外,她还重拾曾经以同居为理由而早已放弃的成为国际广告专家的梦想,同时也开始渐渐扩展与其他人之间的关系。在业余时间,乔会接受帅气男人的邀请,去赴他们的约会。举手投足间,变得更加漂亮的乔仿佛变了一个人。

与此相反,与乔分手后,柯文却从没睡过一个安稳觉。原来以为没有他就活不下去的女人竟然在一瞬间就把自己忘掉了,他无法接受这样的事实,心里觉得郁闷极了。当他看到乔与别的男人在一起的时候,内心就会燃起一股莫名的嫉妒。时间一长,柯文不仅没有忘记她,反而越来越想念她了。曾经,他觉得她很缠人,但现在,他觉得这个世界上再也没有比她更好的女人了。独自一人时,柯文格外想念她,想念她做的料理,想念她的微笑,想念她的一切。

最后,柯文实在忍不住去找乔,放下自尊,对她说自己错了,请求她再给他一次机会。看到柯文来找自己,乔高兴极了,虽然她依然深爱着柯文,但她还是以一副漠然的表情,狠心地拒绝了他。遭到拒绝后,柯文开始天天喝酒,心里很痛苦。就这样,一个不懂事的富家子弟终于懂得了什么是爱情。

浑浑噩噩地过了一段时间后,柯文下定决心要与这个女人共度一生,就算再次被拒绝,他也要去求婚。于是,他买了一大束很漂亮的花向乔求婚,可是乔并没有很干脆地答应他,而是假装很无奈地答应了他。之后,两个人的关系完全逆转。以前原本都是乔做的家务活全都由柯文来做,他把乔捧在手心里,像服侍公主一样百般疼爱她,生怕她飞了似的。

亲爱的,这个世界上有一半的人是男人。所以,千万不要在那个看都不看你一眼的男人身上浪费太多时间了。任何人都有得到爱情的资格,你应当有一段真正属于你的浪漫恋情。

另外,千万不要总抱着"总有一天他会爱我"的傻瓜想法一直等待下去，如果你碰到了这样的人，请果断地离开他吧！如果那个男人像上面故事中的柯文一样，在女人突然改变后还懂得抓住你，还可以考虑一下，但是如果那个男人在你转身的一瞬间连眼睛都不眨一下，你就果断地忘记他吧。其实，女人不是害怕离别才不愿意分手，而是害怕面对孤身一人的现实。虽然这段时间会很难过，但总比白白为一个根本就不爱你的男人付出所有来得值吧。

与男人相处，还是需要方法的。或许大家都已经发现了，你越是纠缠某一个男人，这个男人就越想逃开你。所以，想要牢牢地拴住一个男人的心，绝对不能靠一味地顺从和纠缠。

在现实生活中，很多女人在谈恋爱后就疏远了身边的朋友，随随便便地做完工作就往家里赶；有的女人为了与男人约会，从来不肯加班；还有的女人一旦有了男朋友，就疏忽了梳妆打扮，甚至失去自我……男人面对这样的女人时，最后往往头也不回就走了。现实就是这样，当一个女人为了男人而放弃了她的全部，那个男人也会最终放弃她。只有能够处理好自己事情的女人，才能很好地留住自己的男人。

像风一样的爱情

我对圣诞节档期的一部电影记忆犹新,内容是有关审判圣诞老人是否存在的问题。审判的结果——"圣诞老人存在"。

当时,审判正处于相当紧张的时刻,"圣诞老人存在"这个答案已经处于很不利的境况。最后,在关键时刻,电影中的小女孩向法官提供了一样东西,从而扭转了全局。小女孩提供的那个东西是一张面值为1美金的纸币。刚开始还不明所以的法官看到这个纸币后,安静地笑了。法官看到纸币上写有"我们信仰上帝"的字眼,便这样向大家说道:"我们的眼中虽然看不到神,但是我们却相信神的存在。所以,我们虽然没有见过圣诞老人,但是我们也一样相信他的存在。"

同样的道理,爱情也是一样。虽然我们看不到它,但是我们却可以感觉到像风一样的爱情。

Princess's Wise Saying

希望有一天
我的世界变成我们共同的世界

我俩的任务不是走到一块儿,正如像太阳和月亮,或者陆地和海洋,它们也不需要走到一块儿一样。我们的目标不是相互说服,而是相互认识,并学会看出和尊重对方的本来面目,也即自身的反面和补充。(**赫尔曼·黑塞:《纳尔齐斯与歌尔德蒙》**)

相信爱情,即使它给你带来悲哀也要相信爱情。有时候爱情不是因为看到了才相信,而是因为相信才看得到。(**泰戈尔**)

我也说不准究竟是在什么时间,什么地点,看见了你什么样的风姿,听到了你什么样的谈吐,便使我开始爱上了你。那是好久以前的事。等我发觉我自己开始爱上你的时候,我已经走了一半路了。

(简·奥斯汀)

你不必将就我。我不愿成为任何人将就的对象。

（电影《西雅图夜未眠》）

如果两个人注定在一起，最终他们总会找到重temp旧梦的路。（电影《绯闻女孩》）

和约翰相爱让我心安，我觉得他也有同样的感受。现在虽然他不在了，但他的精神与我们相连着，他会永远和我们活在一起。（小野洋子）

我要你知道，这个世界上有一个人会永远等着你。无论什么时候，无论你在什么地方，反正你知道总会有这样一个人。（电影《半生缘》）

能开口说出的委屈，便不是委屈。能离开的人，便不算是爱人。（张爱玲）

我行过许多地方的桥，看过许多次数的云，喝过许多种类的酒，却只爱过一个正当最好年龄的人。

（沈从文）

蝶变·情感联结　277

Chapter V

蝶变·修炼自我

我是高贵的公主，神奇的魔法将赋予我无穷的智慧，
拿起知性的武器，穿越时间的隧道，站在世界的巅峰，
我将遇见光彩照人的自己！

我从书架上拿走了一本书，把它读完，然后又把它放回去。这时，我已经不是刚才的我了。

（安德烈·纪德）

每月至少阅读两本书

成功者都是"阅读家"

人类创造了书籍，图书造就了人类。一个人要想更快地取得成功，唯一的捷径只有阅读。这话听起来也许有些陈腐老套，却是事实。即使身披昂贵的衣服，戴上耀眼的宝石，它们散发的也不过是一时的光芒，外在的东西不能使你的人生得到升级：一旦脱掉了，你就会如同昙花一现，消失在人们面前，没有人再记得你。

但阅读就不同了，它是改变你人生最完美而又最有力的方法。阅读是人类社会生活的一项重要活动，是人类汲取知识的主要手段和认识世界的重要途径。书籍不仅可以丰富我们的大脑，增长知识与见识，而且还可以提高我们的自身修养。

阅读和旅行也有很多相似的地方。在打开书本的一瞬间，我们的灵魂会变得比世界上任何人都自由。无论你想去哪里，书本都可以帮助你展开想象的翅膀，把你带到你想去的任何地方。如果问我什么时候最幸福，我的脑海中会浮现出这样一幅画面：躺在绿茵般的草地，慢慢品尝一杯咖啡，阅读一本自己喜欢的书。

然而，并非所有人都能了解阅读对自身的影响有多大。

现在的人们很少有在业余时间读书的习惯，为什么会这样呢？我想或许是因为他们没有时间，或许是因为觉得烦躁，毕竟，身处忙碌的社会，每天花三四个小时读一本书不是一件容易的事情。但是，难道这就可以成为不用读书的借口吗？当然不是。其实，根本不用花太多的时间就可以培养起阅读的兴趣，方法就是充分利用自己的零散时间。在上下班乘地铁的时间、在约会地点等待对方的时间、在睡觉前的十几分钟，这些时间都可以充分利用起来。如果能利用好自己的零散时间，在一个星期内阅读一两本书绝对不是一件难事，这样的话，一年下来不就可以读到很多书了吗？

当然，也并非所有人都是因为没有时间才不读书的，还有一些人根本就不熟悉读书这件事。对于他们来说，如果想要培养阅读习惯，那么一开始最好选择那些容易理解又同自己趣味相投的书来读，先培养阅读的兴趣，然后再慢慢养成阅读的习惯。相反，那些内容太深奥、篇幅很长的书不仅不能使人在读书中得到放松，反而还会增加压力。所以说，刚开始读一些内容不太深奥的书，从自身的兴趣入手是培养阅读习惯的最佳方法。

如果说取得成功的人有什么共同的地方，那就是他们都是了不起的"阅读家"。他们在书中可以得到最新的知识和最新的观点，然后把这些新知识和新思想运用到自己的管理方法中去。以超越别人二十年的思维方式成功经营通用电气公司的韦尔奇曾经说过，在掌握时代流向方面，没有比书更好的东西了。

奥普拉是当今世界最具影响力的妇女之一。她主持过的电视谈话节目"奥普拉脱口秀"，平均每周吸引 3 300 万名观众，并连续 16 年排在同类节目的首位。1996 年，奥普拉在她的节目中推出了一个电视读书节目——奥普拉读书会，在美国掀起了一股读书热潮。奥普拉出生在黑人贫民区，并且是一个私生女，与别的黑人少年一样，曾一度自甘堕落。在她日后的金牌节目"奥普拉脱口秀"中，奥普拉曾面对3 300万观众坦承了自己那段不光彩的历史：吸毒、堕胎，甚至还生下一名不久便夭折的女婴。

虽然历经坎坷，但她仍然努力奋斗，喜欢从书中汲取力量，最终，她克服困难，取得了成功。现在，她是美国最受尊敬的女性之一，她那充满坎坷的奋斗史给生活中遭遇挫折的美国妇女们带来了巨大的信心和希望。

被世人称为"读书狂人"的比尔·盖茨也说过："如果不能成为一名优秀的'阅读家'，就不能得到最新鲜的知识。无论影像和音响系统如何发达，书籍仍然是向人们传达信息的最佳方式。"小时候的比尔·盖茨学习成绩很不好，但他却很喜欢读书。直到现在，他还坚持每晚读书一小时，而到了周末的时候，他总是花上三四个小时读书，除了每日新闻、杂志之外，他最少还要再读一本书。在接受记者采访时他这样说："对我今天所取得的成绩影响最大的，是我们村子里的那个图书馆。"

提高阅读质量的方法

无论是伟人还是普通人，每个人都需要从书中汲取营养，使人生变得更加丰满。对于喜欢读书的人而言，阅读本身就是一种乐趣，而对于那些不喜欢读书的人而言，读书似乎就是例行公务。为了获取知识精神食粮，人们无时无刻不在寻找阅读的捷径。在此，我结合各方经验，为大家介绍几种方法，希望能够使你的读书质量有所提高。

第一，阅读的头号敌人就是电视，它最能减少你的读书时间。看一小时电视似乎很快乐，殊不知这种快乐只是暂时的，过去了也就没有了，但是如果你能将这一小时用在读书上，却会受益无穷。

第二，每天晚上睡觉前，用 30 分钟的时间读书。毫无疑问，这比多睡几十分钟更有价值。

第三，把约会地点定在书店。你可以早一点到达约会地点，读一会儿书。如果对方晚到达的话，也不会觉得很烦躁。另外，在某个地方等人时，也可以借机读一会儿书。这不仅能让你补充知识，还能打发等待的时间，心情自然也变好，同时，对待迟到的朋友也会多一分宽容，少一点横眉冷对，正所谓一石二鸟。

第四，如果想赚更多的钱，就要读一些理财、投资类的书。如果想开发自我，就要读一些励志、个人成长方面的书；如果想变得更美丽，就去读一些美容、时尚方面的书……如果你对哪些领域心存好奇，想要了解的话，就马上去书店吧！从书中，你可以找到所有问题的答案。或许你读过的内容很快就忘记了，但千万不要认为阅读是浪费时间。只要是你读过的书，书中的精神会永远地留在你的脑海里。

第五，充分利用图书馆和租书店的图书资源。如果不能找到自己需要的书，就亲自去购买吧。不要心疼买书的钱，因为那些钱将给你带来巨大的价值。

第六，尽量在自己的周围多放一些书，充分利用一切时间享受阅读的乐趣。享受阅读的前提是喜欢读书，所以一定要丢掉"阅读很痛苦"这样的想法。

伏尔泰说过："不要小看了书的作用，到现在为止，世界的全部都是被书支配着过来的。"可见，阅读是多么重要。阅读可以提高人的自身价值，阅读本身也是一项很有价值的投资。

Princess's Magic Tips

*给灵魂插上阅读的翅膀

《第二性》 《写给女人》
《红楼梦》 《谁是最美的女人》
《简·爱》 《居里夫人传》
《圣经》 《世界美术名作二十讲》
《金锁记》 《私奔万水千山》
《女性个人款式风格诊断》 《婚姻宝典》
《飘》 《女人的身体,女人的智慧》
《斯波克育儿经》 《围城》
《美学散步》 《叶芝抒情诗全集》
《一个女人的成长》 《苏菲的世界》
《安娜·卡列尼娜》 《音乐气质》
《安徒生童话故事集》 《艺术的故事》
《人与永恒》 《李清照诗词评注》
《女人的资本》 《女子与小人》
《三十女人》 《懒女孩的健康指南》

Princess's Wise Saying

毫无倦意的阅读
是我心中最温暖的天堂

我从书架上拿走了一本书,把它读完,然后又把它放回去。这时,我已经不是刚才的我了。

(安德烈·纪德)

每个知道如何阅读的人都有力量去放大自己,扩展自己存在的方式,让自己的生活充实、有意义和充满乐趣。(**阿尔都斯·赫胥黎**)

我们应该去读那些能刺中和伤害我们的书,如果所读的书无法带来当头一棒的惊醒,我们读它干什么呢。一本书必须是一把能劈开内心坚冰的斧头。(**卡夫卡**)

一个人和书籍接触得愈亲密,他便愈加深刻地感到生活的统一,因为他的人格复化了:他不仅用他自己的眼睛观察,而且运用着无数心灵的眼睛,由于他们这种崇高的帮助,他将怀着挚爱的同情踏遍整个世界。(**茨威格**)

漂亮和美丽是两回事。一双眼睛可以不漂亮，但眼神可以美丽。一副不够标致的面容可以有可爱的神态，一副不完美的身材可以有好看的仪态和举止。这都在于一个灵魂的丰富和坦荡。或许美化灵魂有不少途径，但我想，阅读是其中易走的、不昂贵的、不须求助他人的捷径。（**严歌苓**）

假如你真正爱过书的话，你就会明白，一本在你手中待过很长时间的好书就像一张熟悉的面孔一样，永远也不会忘记。（**王小波**）

我很庆幸我没有变成在自己的房间里面安静不下来的人。这和我这么多年坚持阅读有很大的关系。我对阅读充满感激。（**陈丹青**）

生活中没有书籍，就好像没有阳光；生活中没有书籍，就好像鸟儿没了翅膀。（**莎士比亚**）

读书就是将别人的思想变成一块块石头，然后建筑起自己的思想殿堂。（**培根**）

为了提升地位,千万不要心疼自己的财产。年轻人应当做的事情不是如何攒钱,而是如何运用它,为自己在将来成为有用的人而得到知识和参加训练。不要总想着把钱放在银行里,除了微薄的利息外,存在银行的钱不能给你其他什么东西。所以,请大胆地去用自己的钱吧,为了你的发展千万不要心疼花钱。

(亨利·福特)

积极挑战，学习新事物

没有浪费时间的学习

高考失败的韩姗一度陷入了彷徨的状态。最后，韩姗的妈妈实在看不下去了，于是帮她填报了一个护士学院。当时，她觉得"我又不去当护士，干吗要学这个"，而母亲却很恳切地拜托她一定要去学习。于是她进入了护士学院，最终还拿下了护理资格证书。

再后来，韩姗重新复读，终于考上了幼儿教育学院。快毕业的时候，一个很有名的幼儿园在招老师。这所幼儿园的老师工作都很稳定，加上工资和福利也很好，人人都想去那里工作。韩姗也参加了面试，最后竟然被录取了，原因是她有护理资格证书。在韩姗得知自己被录取是因为有护理资格证书的时候，她才深刻地醒悟到，认为在护士学院读书是浪费时间的想法真是太傻了。虽然不想当护士，但韩姗并没有放弃，她的努力在最后具有决定性的瞬间发挥了作用。

我从初中就开始学习钢琴了,当时心存"我将来又不会成为钢琴家"的想法,又哭又闹,终于没再学下去。等我过了20岁,看到电影里的主人公弹钢琴的样子那么迷人,便又萌发了想学钢琴的想法。于是,我重新练习弹琴,后来又一直很努力地练习自己喜欢的爵士乐曲,其中的几首我还能背下来。这时候的我与初中时候的我不同了,虽然我仍然觉得自己不会成为钢琴家,但一直相信肯定有用到的机会……

机会比想象中的来得快。在美国时,我曾受邀参加了一个家庭聚会,在陌生的环境里,一开始还真有些尴尬。后来,我发现那家客厅里摆放着一架大钢琴,可是,主人却告诉我,他们没人会弹,只是摆设而已,还说如果我会弹的话,请给大家弹几曲听一听。

在那家人的邀请下,我弹了几首早就能背下来的爵士曲。他们一家人非常高兴,以后还经常请我弹奏。从此,我和那家人越来越熟,最后还成了很好的朋友。

莫尼卡从小就梦想成为新闻节目主持人。虽然她没有出众的外貌和了不起的学历,但为了实现梦想,她比任何人都努力地准备。现在,她已经是美国电视台一档著名新闻节目的主持人了。作为新闻节目主持人,首先声音要特别好,莫尼卡的声音稳定中充满魅力。当记者问她"为什么会有这么好的嗓音"时,她这样答道:"是小时候学习长笛的原因。当时我特别讨厌长笛,心想为什么要学这个。但正是因为学了它,今天我才有机会站在这个位置上。"

我想大多数朋友都有过类似的想法,在学习某样东西的时候,觉得很辛苦,而且也很费钱。所以,总会产生"我为什么要学习这个"的想法。事实证明,只要你付出了努力,回报总会在某一个时刻出现。到那时,你就会庆幸自己还没有放弃。

20 岁正是挑战和学习事物的黄金时期。无论向什么挑战,都一定是有价值的。不管是乐器、外语,还是其他什么,只有你努力了,当机会来临时,你才能够抓住,从而改变自己的人生。

为理想回炉深造

同在一家制药公司上班的贝蒂和卡西今年 26 岁,两人都有 3 年的工作经验了。有一天,卡西突然说想当韩医,要准备考试。听了她的话,贝蒂想,她是不是疯了,怎么会突然想要当什么韩医?后来,卡西竟然辞掉了工作,同事们听说她是为了要当一名韩国医生才辞职的,都说她犯傻。然而,无论大家怎么劝她,她都无动于衷,始终没有改变自己的想法。

卡西辞职后便进入了复读学院,开始了她的学习生涯。虽然她学习很认真,但很可惜她还是落榜了。大家知道后,又纷纷劝她马上放弃,但她仍然坚持着。看着为学习而奔波的卡西,贝蒂感到无法理解,甚至还有些无奈,她不知道为什么卡西要把大好青春都浪费在没有结果的学习上。

在以后的 5 年中,贝蒂和卡西失去了联系。贝蒂因为长得漂亮,在男职员中人气颇旺,一个男同事坚持不懈地向她求爱,她一直都没有答应。虽然贝蒂心比天高,但到了 30 岁时,也不免有些着急了,所以,最后还是勉强答应了那个同事的求爱,并和他结婚了。因为男方的家里情况不是很好,她把几年来辛苦攒下来的 4 000 万(约合人民币 24 万)拿出来用于结婚、买房子。结婚后,她马上有了宝宝,于是又不得不放弃工作,用丈夫微薄的工资维持生计,此外,她还要照顾丈夫的家人。总之,贝蒂生活得很辛苦。

有一天，贝蒂突然听到了有关卡西的消息。她听朋友说卡西正在韩医大学读四年级。"还在读书？"刚听到朋友的话，贝蒂很诧异，甚至同情卡西。但是，当听了朋友后面的话后，她的想法一下子就改变了。原来卡西在两年前就结婚了。卡西复读一年后，终于考进了韩医大学，虽然有些晚，但她却意外地发现医大有很多年纪大的学生。卡西的恋人原来是学建筑的，但后来也是通过复读进入了韩医大学。就这样，两个人才有了见面的机会，相知相爱后便顺利地结婚了。听说，大学毕业以后，他们想要开办一家夫妻诊所。

康德说过，在这个世界上，对自己最残酷的事情就是不学习。卡西选择放弃工作，重新学习，希望以此改变人生。虽然大家都说她疯了，但她却始终坚持不懈，并努力去做，最终她不仅取得了成功，而且还改变了自己的人生。所以说，如果你想选择另一种人生，而且那是你真心渴望的一种人生，请对自己说："勇敢去做，不要犹豫！"因为与现在的生活相比，以后的人生一定更加精彩！

Princess's Wise Saying

不要让生活改变你的目标
因为打倒目标会改变你的生活

为了提升地位，千万不要心疼自己的财产。年轻人应当做的事情不是如何攒钱，而是如何运用它，为自己在将来成为有用的人而得到知识和参加训练。不要总想着把钱放在银行里，除了微薄的利息外，存在银行的钱不能给你其他什么东西。所以，请大胆地去用自己的钱吧，为了你的发展千万不要心疼花钱。（**亨利·福特**）

觉得自己可以做什么就去做吧，果敢大胆是天才、力量和魔力的同义词，不要犹豫，现在就开始！（**歌德**）

没有一点儿疯狂，生活就不值得过。听凭内心的呼声的引导吧，为什么要把我们的每一个行动像一块薄饼似的在理智的煎锅上翻来覆去地煎呢？（**米兰·昆德拉**）

生活就像自行车，只有不断前进，才能保持平衡。（**爱因斯坦**）

人的一生很像是在雾中行走，远远望去，只是迷蒙一片，辨不出方向和吉凶。可是，当你鼓起勇气，放下忧惧和怀疑，一步一步向前走去的时候，你就会发现，每走一步，你都能把下一步路看得更清楚。往前走，别站在远远的地方观望！你就可以找到你的方向。（罗兰）

你永远不可能总是对任何事情都做到有把握，你所能做到的就是用你的勇气和力量去做你认为是正确的事。结果也许会证明你的所作所为是错的，然而至少你是去做了，这才是重要的……不要胆怯，要相信你的信念。

（欧文·斯通：《梵高传》）

凡是到达了的地方，都属于昨天。哪怕那山再青，那水再秀，那风再温柔。太深的流连便成了一种羁绊，绊住的不仅是双脚，还有未来。（汪国真：《我喜欢出发》）

你以为挑起生活的担子是勇气，其实去过自己真正想要的生活才更需要勇气。

（萨姆门德斯）

愚蠢的人只会通过自己的经验明白事理，而聪明的人却是通过别人的经验知道一切。

（弗鲁德）

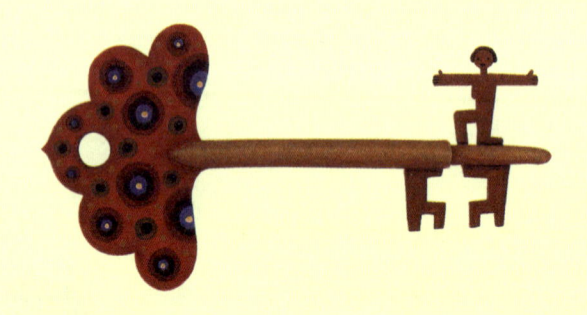

寻找人生路上的灯塔

和自己敬重的领导见面

以前读过一本关于"试图和自己的最高领导见面"的书。书的内容大概是，虽然 20 多岁的年轻人想要与公司的最高领导见面是很不容易的事情，但几乎所有人都那样想，所以不妨一试。对于最高领导而言，或许他们也在等待接见拥有勇气和挑战精神的 20 多岁的年轻人呢。

看到这里，我已经无法控制自己那颗狂跳的心了。当时我也很想见一见自己一直都很尊敬的领导，当然了，这是一件不太可能的事情。但我总觉得即使不能见到他，也不能就这样转身离开。于是，我省略了所有琐碎的问候和表达仰慕的话，在一张纸条上急急忙忙地写了一句"我很尊敬你"，并附上我的邮箱地址，然后在附近的花店里买了一盆花，把它们一起递给了他的秘书,请她务必转交。现在回想起自己的举动,还会感叹自己是那么勇敢。我真的无法忘记当时的热情。

不久,我就从他那里收到了一封以"你是……"作为开头的邮件。我心里充满了惊喜,立即给他回信,紧接着,我们开始联系见面。最后,他真正成了我的指路明灯。当我去留学的时候,当我决心做某件事的时候,当我背起行囊,婉拒周围人们的挽留又一次旅行时……他都给了我最真诚的祝福和鼓励。

从我的故事来看,以"鼓励人们勇敢去见最高领导"为内容的那本书对大家的忠告是正确的。所以,当你很想见到一直都很敬重的领导时,心里不要老是有"像我这样的人,怎么可能见到他那样的人呢"之类的想法。你不试试怎么会知道自己不可能见到他呢?或许他也正在等待,等待着勇敢的你啊!

找到你的人生导师

一个人如果到现在为止都还没有发现自己的导师,其原因无外两种:一是这个人根本就没有梦想和追求;二是这个人或许对人生没有什么特别的热情。

导师是用智慧引导一个人的良师益友,一个人能够取得成功,必定有一个指引他走向成功的人,而这个人就是他人生的导师。寻找导师并不是一件神秘和困难的事情,自己最尊敬的人、母亲、老师或朋友都有可能成为你的导师。

想经营一家咖啡馆吗?想做一名时尚设计师吗?想成为一家大型购物中心的 CEO 吗?那么,请立即去寻找在这些领域已经取得成功的人们吧!听一听他们获得成功的经历,然后向他们学习。当然了,在做这件事之前,首先要想好自己最想做的是什么,梦想是什么,这一点是非常重要的。当你找到一个你所认为的导师时,一步一步地向他学习,这样,你也会慢慢地看到属于自己的那条路。

如果你曾经梦想过环游世界,那么徒步征服世界的韩飞野(旅行家、人道主义者,曾用 7 年时间完成徒步环球旅行,有媒体称其为"韩国的三毛"。——编者注)应该是你最好的榜样了。为了一次又一次独特的旅行,她不知放弃了多少东西,克服了多少艰难险阻。如果能面对面地听她讲述自己的经历,你一定会从她的身上得到更大的勇气。

总之，要想实现自己的梦想，向这个领域中已经获得成功的人们学习是最明智的选择。这样做不仅可以把他们辛苦得到的经验直接拿来为自己所用，还可以根据自己的特点和要求开发和创造出属于自己的方法。想来这是一件多么令人振奋的事情啊，请试着去做吧。

威尔森小时候正好住在英国首相的官邸唐宁街附近。少年时期的威尔森就有一个宏伟的梦想，那就是成为将来的英国首相。因此，这个少年每天早上都会跑到英国首相官邸前，大声喊道："40年后，我一定会成为这栋房子的主人！"每当经过这栋房子时，威尔森都这样鞭策自己，使自己永远不忘记心中的梦想。不仅如此，他还深入地研究和学习历代英国首相们的人生，然后学习他们最可贵的地方。就这样，威尔森从小就为自己定下了一个伟大的目标，而且投入了全部的精力，终于成为英国首相。

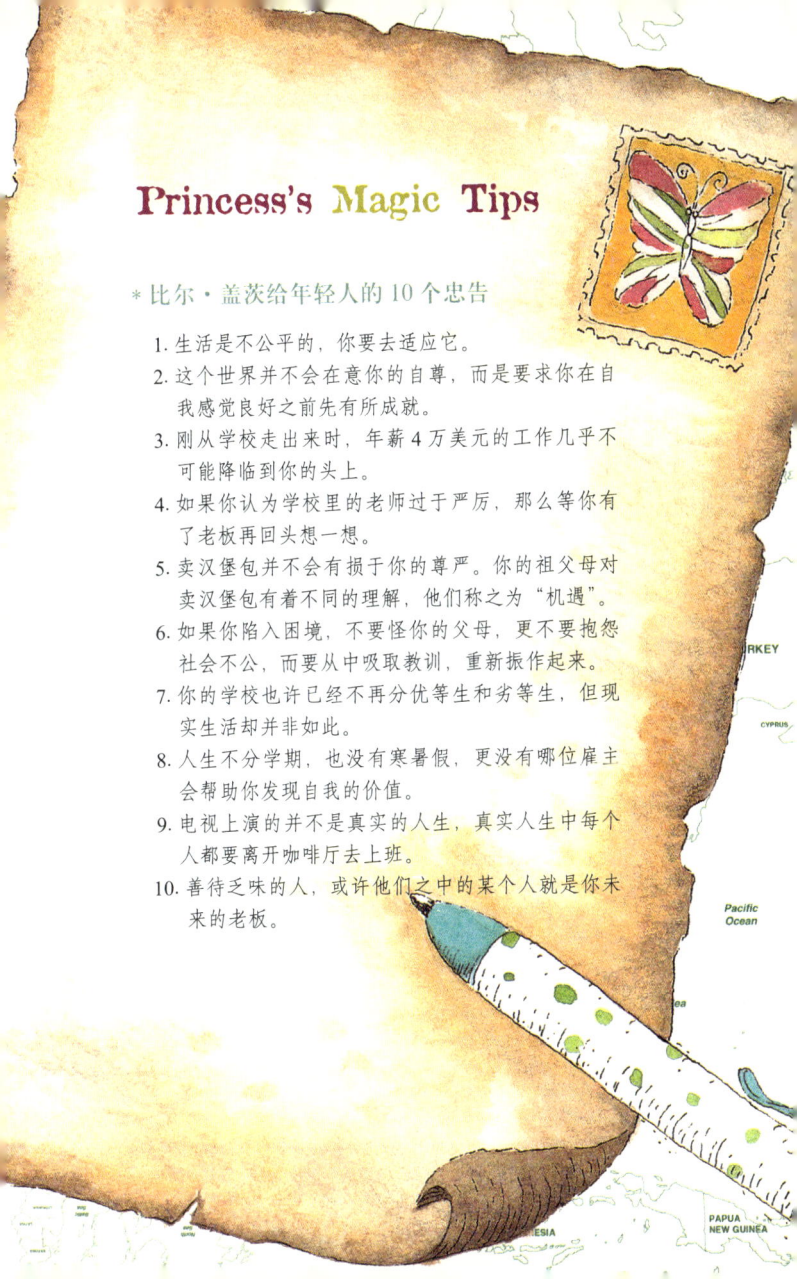

Princess's Magic Tips

* 比尔·盖茨给年轻人的 10 个忠告

1. 生活是不公平的，你要去适应它。
2. 这个世界并不会在意你的自尊，而是要求你在自我感觉良好之前先有所成就。
3. 刚从学校走出来时，年薪 4 万美元的工作几乎不可能降临到你的头上。
4. 如果你认为学校里的老师过于严厉，那么等你有了老板再回头想一想。
5. 卖汉堡包并不会有损于你的尊严。你的祖父母对卖汉堡包有着不同的理解，他们称之为"机遇"。
6. 如果你陷入困境，不要怪你的父母，更不要抱怨社会不公，而要从中吸取教训，重新振作起来。
7. 你的学校也许已经不再分优等生和劣等生，但现实生活却并非如此。
8. 人生不分学期，也没有寒暑假，更没有哪位雇主会帮助你发现自我的价值。
9. 电视上演的并不是真实的人生，真实人生中每个人都要离开咖啡厅去上班。
10. 善待乏味的人，或许他们之中的某个人就是你未来的老板。

Princess's Wise Saying

生活是由一系列下决心的努力所构成
目标决定你将成为什么样的人

愚蠢的人只会通过自己的经验明白事理，而聪明的人却是通过别人的经验知道一切。（**弗鲁德**）

如果把我所掌握的知识和技术只用在赚钱上，那是多么可惜啊。相比任何事情，恐怕没有哪件事情能像现在这样让我的心脏如此强烈地跳动。

（**韩飞野**）

如果你都不知道自己想去哪里，那去哪里都是一样的。（**卡罗尔：《爱丽丝梦游仙境》**）

如果一个人不知道他要驶向哪个码头，那么任何风都不会是顺风。（**塞涅卡**）

每个人都是一卷书，只要你懂得如何阅读他。

（**威廉姆·杉宁**）

理想就像星辰，你永远也不会用手触摸到它，但就像在茫茫大海上航行的水手一样，你可以把它们当成你的向导，并跟随它们直到你的目的地。

（卡尔·舒茨）

每个人在某个领域都是我的长辈，因为我能从他们那里学到一些知识。（爱默生）

人就像钉子一样，一旦失去了方向，开始向阻力屈身，那么就失去了他们存在的价值。（兰道）

不管你变还是没有变，这个世界永远都是一样存在的，每天花点时间看看自己的内心，给自己创造一点美好的变化，这个世界才是真的变化了。

（弗雷泽·亨特）

突然明白，别人怎么看你，或者你自己如何地探测生活，都不重要。重要的是你必须要用一种真实的方式，度过在手指缝之间如雨水一样无法停止下落的时间，你要知道自己将会如何生活。

（安妮宝贝：《莲花》）

只有亲手劈柴,才会感到双重的温暖。

(亨利·福特)

在生活的课堂中收获感动

经验是最宝贵的财富

几年前,我去看一个很有名的管弦乐队演出。虽然一张门票是 200 美元,但学生只要花 10 美元就可以入场了。虽然我的座位离管弦乐队很远,但只花 10 美元就看到这么好的演奏会,让我感到很知足了。

兴奋的我在那天还看到了一件令人感动的事情。有个在演出开始前给我们安排座位的年轻女子,从演出开始的那一刻起就一直跟着台上的指挥学习指挥动作。坐在前面的人可能看不到她,或许根本就没人注意她的存在。但是坐在她对面的我却看得很清楚。偶尔,她还会认真地记些什么东西,然后再热情地跟着台上的指挥一起指挥。至今,我都很难忘记当时她那散发着光芒的脸庞。我想,或许在音乐厅工作的她有一个将来成为一名指挥家的梦想,梦想着总有一天自己会站在那个舞台上。最后，我给那个直到演奏结束也没有停止指挥的她送去了最热烈的掌声。

有很多道理和经验是从生活中总结出来的，学校的课本里没有这些。所以，我们应该尽可能地学习别人的经验，然后再加上自己的努力，这样，取得成功就不再是遥遥无期了。

"如果我认为自己正在做的某件事情很有意义或者很有价值，那么，即使失败了，也会成为我的宝贵经验。所以，我并没有什么损失。"当我产生了这样的想法以后，就不再害怕尝试新事物。在国外学习的时候，我学习当地的文化和习俗所投入的精力比投入到学业上的精力还要多。一直习惯了韩国饮食的我在游历地球村的时候，才真正体会到"世上好吃的东西实在是太多了"。正如许多人所说的那样，人生的一半是吃的乐趣。如果我还没有吃过如此多样美味的食物就离开了这个世界，那可真是一件遗憾的事情。

日本松下集团的会长松下幸之助在回答"你成功的秘诀是什么"这一提问时，这样讲道："神给了我三种恩惠：第一，因为贫穷，我从小就在替别人擦鞋、卖报纸等事情上积累了不少宝贵的经验；第二，因为身体虚弱，所以我一直都很努力地参加运动，至今还很健康；第三，因为连初中都没有毕业，所以我把世上的所有人都当成我的老师，向他们虚心学习。"

经验是最好的老师

在社会上能否成功，已经不是取决于学习成绩或托福考试的分数了。或许考试分数高的人总能站在较高的起点，有不错的一个开始，但即使如此，也不能说明他就一定能够成功。人生如同长跑比赛，积累在我们脑海里的经验就是我们的制胜法宝。另外，如果你还有参加无偿工作的热情，那么就没有你做不了的事情。

如今，世界上有很多事情已经不能用金钱来衡量了，所以，为了取得成功，我们还需要有更加与众不同的眼光才行。工作的报酬是金钱，这是大家都认同的规则。但有时候，工作的报酬也可以是另一种形式，不过，你一定要衡量这个报酬对自己的人生是否具有价值。"我拥有可以引导我人生的唯一导航灯——经验之灯"，这是欧·亨利说过的话，也就是说，经验是最宝贵的东西，与自己的未来紧密相联。

我在采访世界困难儿童救助团体"世界宣明会"的时候遇到了一个小女孩,她的名字叫智绣,她就是那样一个为自己积累经验、依靠经验取得成功的人。智绣当时是高中生,梦想将来成为一名社会福利志愿者,所以,从高中一年级起,她就开始不断地参加各种福利团体。有很多福利团体都因为人手不够而给了她参加各种大型活动的机会,从为参加者安排座位、发放名牌到影像系统管理等,只要是与福利团体有关的事情,她都做过。虽然她年纪很小,却拥有很多丰富的经验,后来被负责人发现,提拔她做了"世界宣明会"的职员,并且还给了她参加美国巡回活动的机会。

梦想成为一名服装设计师的惠仁刚上大学就开始参加各种时装表演,并且都是无偿的。从做一些杂活开始到所有的事情,她一次也没有抱怨过,因为她认为只有这样做,才可以亲身体验时装表演的现场感,而能够得到这样的机会也是很不容易的。虽然是无偿的劳动,但她仍然很认真地做。因为她虚心又勤奋,所以服装设计师们每当有时装表演的时候,都会想到在现场给她留一个小小的地方。就这样,惠仁认识了许多一流的设计师,并且与他们结成了很好的关系。

在大学同学中,她第一个出道,并最终成为了一名出色的服装设计师。

人们总是认为,只要好好学习就可以实现理想了,其实,更为重要的是如何维持那个梦想和激情。就像学习英语一样,如果你在海外旅行了几个月,或者交到了外国朋友,那么,你就格外想多学一些英语。事实上,我们就需要不断给自己一些这样的刺激。

生活中,你会随处发现很多在课本里面根本学不到的东西,这些东西会给你带来心灵深处的感动。这种感动不是哪个优秀的老师就能传授的,而是只能靠我们自己的亲身体验才能获得。宝贵的人生经验是我们生活在这个世界上最大的财富,所以,请把经验当成我们的老师,用心体验它给予我们的感动吧!

Princess's Wise Saying

生活是一串串快乐的时光
我们不仅仅是为了生存而生存

只有亲手劈柴，才会感到双重的温暖。

（亨利·福特）

有些人知道如何利用他们的日常生活中平淡无奇的经验，使自己成为沃土，在这片沃土上每年能结出三次果实，而其他一些人则只会逐命运之流，逐时代和国家变幻之流，就像一个软木塞一样在上面漂来漂去。当我们观察到这一切后，我们会把人分类两类：一种人可以化腐朽为神奇，另一种人则是化神奇为腐朽，绝大部分人是后者，前者则为数寥寥。（阿兰·德波顿）

我们一步一步走下去，踏踏实实地去走，永不抗拒生命交给我们的重负，才是一个勇者。到了蓦然回首的那一瞬间，生命必然给我们公平的答案和又一次乍喜的心情，那时的山和水，又回复了是山是水，而人生已然走过，是多么美好的一个秋天。（三毛）

人生中出现的一切，都无法拥有，只能经历。深知这一点的人，就会懂得：无所谓失去，而只是经过而已，亦无所谓失败，而只是经验而已。用一颗浏览的心，去看待人生，一切的得与失，隐与显，都是风景与风情。

（扎西拉姆·多多：《喃喃》）

一个人活在这个世界上为了什么呢。我告诉你，是去经历和享受。没做过的事情要做一做。无，则努力追求，有，则尽情享乐。合，则来，不合，则散。这是简单却正确的道理。

（缪娟：《丹尼海格》）

你一直希望自己勇敢而真实，那么现在做个深呼吸，用猛烈的孤独，开始你伟大的历险。（莱昂纳德·科恩）

人的一生，如果真的有什么事情叫做无愧无悔的话，在我看来，就是你的童年有游戏的欢乐，你的青春有漂泊的经历，你的老年有难忘的回忆。（肖复兴：《年轻时应该去远方》）

我宁愿是一个最渺小的人，心怀梦想以及实现梦想的愿望，也不愿意去做一个失去梦想和愿望的最伟大之人。（纪伯伦：《沙与沫》）

你是令人惊讶的珍品,是某个人最珍贵的喜悦;你是一块不能用价格来衡量的珍贵宝石;因为上帝从不会去制造一个无用的存在。

(赫勃特·班克斯)

追随你的激情

天生我材必有用

因《哈利·波特》系列小说而一举成为英国首富的儿童文学作家罗琳在大学毕业后，曾就业于伦敦一家中小企业，担任秘书。但没过多久，她就被老板解雇了。为了生活，她到处面试，却始终找不到一份合适的工作。在那段时间里，她的日子过得非常艰辛。

和丈夫离婚后，她和女儿相依为命，勉强维持生计。白天，她要工作，只有到了晚上才能抽出时间写作。最后，她终于完成了这部小说，却因为没有复印的钱而用打字机重新敲了一遍全稿。

1996年，《哈利·波特与魔法石》终于出版了，而且得到了无数人的关注和超强的人气。在接受采访时，罗琳这样说："不管怎样，知道自己有一样比别人强，我就很高兴了。事实上，我在其他事情上的确算是一个很没用的人。在做秘书或文职工作的时候，和我一起工作的同事都说，像我这样不知变通又没有条理思维的人，他们还是第一次见呢。他们说得没错。我当时真的很糟糕。每次都想好好干，但越这样想，表现得越慌张，最后被解雇也就是很自然的事情了。如今，我发现自己还有可以做得比别人好的事情，真的是很高兴，所以对我来说，写作是令我感到最幸福的事情。"

如果你觉得做一件事情一点也没有把握，感到很有压力，而别人却可以做得很好的话，就让那个人来做吧。当你总是把时间投入在自己可以做得很好的事情上时，成功就离你不远了。

艾米莉是一家知名广告公司的设计组组长，能力很强，工作也得到了大家的认可：她不仅对自己的工作富有热情，而且也很想升职，所以为了给升职增加筹码，她决定报名参加外语补习班。另外，为了拥有更加苗条的身材，她也很想去健身，却一直都很难抽出时间。每天回到家后，洗衣服、准备晚饭等无法忽视的家务事就把她的时间占得满满的。

最后，她决定雇用小时工。她认为，虽然雇用保姆的价钱很贵,但这样做却能让自己有时间去上语言学院和健身中心。事实证明,她的选择是正确的,现在她已经通过了升职考试,拿到了比以前更多的年薪。另外,她的身体不仅比以前更健康了,身材也苗条了许多。

克里斯汀是一名在网上销售进口服装的女CEO,不过,她的职员只有自己和妹妹。因为经常要用到电脑,所以电脑系统偶尔会产生问题。为了解决这个问题,她想去上电脑学习班,但等她报了名后,又改变主意了。最后,她决定直接雇用电脑专业人员,因为她觉得必须把精力全放在经营上才是正确的选择。

后来,她还让模特穿上自己的产品,拍照后再上传到网上。模特照片发到网上后便引起了消费者强烈的购买欲望,从此,她的网站人气一天比一天高了。

随着规模越来越大,电脑出现的技术问题和日常事务方面的问题也就越来越多了,而这一切她都是雇人解决的。如果是在工作初期,为了减少开支,她或许会自己解决,但是现在就完全不同了。她明白了要取得成功,就一定要懂得投资的道理,作为网站的CEO,应该把主要精力放在计划和营销方面,技术上的问题交给专家解决就可以了。如果在自己根本不感兴趣也不懂的课程上花费精力的话，不仅占用了宝贵的时间，而且没有办法正常运营购物网站，更不用说获得成功了。

最近，在过去从来都没有注意到的媒体领域中，越来越多的人正在展现自己的才能。几个月前，华尔街日报刊登了出身平凡的美容师克里斯汀·多切尔走向成功的事例。多切尔无意中把自己不同造型的照片配上不同的香水产品，然后发到了自己的个人博客上。起初只是为了娱乐一下，却吸引了越来越多的博友们的关注。随着她的博客点击率越来越高，她才开始正式拍摄照片，并且写一些关于香水的文章。就这样，她的博客一时间引起了异常火爆的反响，而且当她的博客客友超过了 100 万人时，很多企业便开始请她做代言人。现在，她的每单广告出场费已经超过了 5 000 美元。

平凡的工薪族布鲁克女士也是因为将拍摄自己的视频上传到了因特网，从而受到了大家的关注，看过她视频的人数最后竟然超过了 1 000 万。后来，广播公司发现了她，并请她当创意总监。

因为幸福所以成功

我在美国留学时，每学期都会得到奖学金。是因为我的学分高吗？难道我的英语比美国人还要棒？还是我比他们更努力学习？如果不是因为这些，难道我是一个天才？

答案都不是。能够得到奖学金完全是我意想不到的事情。在韩国，奖学金只属于那些成绩数一数二的人。蹩脚的英语，再加上偶尔掺杂着 B、C 成绩的一个东方女孩，竟然能够得到奖学金？我的韩国朋友说，是不是计算机处理的时候出了什么问题？所以，她们都一致认为，我应该去确认一下。于是，我急忙去找相关负责人，如果这真的是因为别人的失误而降临在我身上的幸运，那么，我宁愿不要，因为我可不想被别人笑话是一个捡了便宜的人。

结果，相关负责人说给我得奖学金这个决定没有错误，理由是我参加了很多学校的活动：我曾经在为宣传学校而参加的"国际博览会""韩国日"等对外活动中付出的努力，得到了校方的肯定。

另外，他还说成绩优秀只是对个人有利的事情，而积极参加对外活动却是对学校、对大家都有益的事情，所以，我获得奖学金是当之无愧的。当时，我参加了自己感兴趣的所有社团，并且还积极参加了韩国人聚会、亚洲和美洲人聚会、欧洲人聚会、国际女性聚会等各种活动。我对参加活动如此热衷的原因是：第一，我想要多经历一些事情；第二，作为韩国报社和广播局的海外通讯员，为了写报道不得不积极参加各种活动。

当然了，我也希望能好好学习，取得好成绩，但鱼和熊掌不可兼得（这只不过是我无力的辩解罢了，因为我发现其实也有很多女生都能鱼和熊掌兼得）。虽然我来美国的最大理由是为了学位，但除了学位以外，我更想了解"美国"这个国家及其文化。

从表面上看，美国是一个国土面积很大且各种资源都很丰富的国家，所以，包括我在内的许多人有时候对生长在美国的人们心存嫉妒。在美国，评定获得奖学金资格时，看重的不是成绩，而是学员是否积极参加了各种活动；招聘职员时，也不是看重谁的成绩最优秀（实际上，即使比较低的成绩也不会对就职造成很大的障碍），而是更看重应征人员对外活动的能力……当我深入地了解了美国的这些文化后，我才深刻地理解了所谓"幸运"并不是平白无故地降临到谁的头上。

成功并不是打败竞争者,然后把他们踩在脚下,而是用一颗更宽容的心展望世界,做自己喜欢的事情时悄然而至的。幸福往往与成功结伴同行,一个人不是因为成功而幸福,而是因为幸福才成功的。

现在回想起来,那段时间才是我人生中真正充满活力和激情的日子。想象着"今天又会发生什么令人愉悦的事情"并睁开眼睛,深深地呼吸着早晨新鲜的空气……这样的情景我一辈子也不会忘记,仿佛一组组幻灯片经常窜入我的眼帘。

Princess's Wise Saying

不到没有退路之时
你永远不会知道自己有多强大

你是令人惊讶的珍品,是某个人最珍贵的喜悦;你是一块不能用价格来衡量的珍贵宝石;因为上帝从不会去制造一个无用的存在。(赫勃特·班克斯)

我深信那句话:人对自己才是最残忍的。但是,人只应服从自己内心的声音,不屈从任何外力的驱使,并等待觉醒那一刻的到来,这才是善的和必要的行为,其他的一切均毫无意义。(赫尔曼·黑塞:《悉达多》)

不管全世界所有人怎么说,我都认为自己的感受才是正确的。无论别人怎么看,我绝不打乱自己的节奏。喜欢的事自然可以坚持,不喜欢的怎么也长久不了。

(村上春树:《当我谈跑步时,我谈些什么》)

被人走得最多的路肯定是最安全的,但别指望在这样的路上碰到很多猎物。(纪德)

即使在我们经历了忧伤与绝望的教训，也还可能出现重大的失误和做错许多事情，但是有一点是绝对正确的，那就是，在做了很多错事之后，依然保持极大的热情，总要比心胸狭窄的人好。热爱使人受益不尽，这才是真正的力量。

（梵高）

许多人过着没有意义的生活。即使当他们在忙于一些自以为重要的事情时，他们也显得昏昏庸庸的。这是因为他们在追求一种错误的东西。你要使生活有意义，你就得献身于爱，献身于你周围的群体，去创造一种能给你目标和意义的价值观。（米奇·阿尔博姆：《相约星期二》）

每个人都是天才。但如果硬要以鱼几爬树的本领，来评估它的能力，它这辈子都会觉得自己是条蠢鱼。（爱因斯坦）

我确信我热爱自己所做的事情，这就是这些年来支持我继续走下去的唯一理由。（乔布斯）

我所知道的是：如果你热爱你的工作，它也能让你充分施展才华，那么一切都会有的。（奥普拉）

伟大的人有明确的目标,而平凡的人只有心愿。

(华盛顿·欧文)

说一口流利的英语

抛弃老掉牙的学习方式

如今,英语对很多不以英语为母语的人来说是一种压力。英语之所以会成为世界语言,主要是因为把英语作为母语的美国、英国都是世界强国。有人推测说,如果以后中国或者日本成为了世界强国的话,那么英语的力量也就自然消失了。因此,"英语的寿命不会超过 10 年"的说法才得以盛行一时。

但是现在,这个说法已经变成了"英语的寿命也许是 50 年、100 年,或许还会更长"。理由是什么?网络。仅用了七八年的时间,网络就彻底改变了整个世界。更具体地说,网络把各个地方连接了起来,形成了一个统一体,而网络的语言就是英语。

无论是入学、毕业,还是就业、升迁等,没有不涉及英语的地方。只要把英语学好了,你的价值也就上升了一个档次。既然英语对于我们的人生如此重要，我们就没有理由不学好英语。如果早早地学好了英语，也就不用一生都生活在英语的压力之下了。

我们学习英语的时间差不多超过了10年，却连一句英语也说不出来，为什么会出现这样的情况呢？我在留学前曾花了很长时间学习英语，结果却变成了连一句英文都说不出来的"哑巴"。很多人即使去以英语为母语的国家留学，然而无论经历了多长时间的留学生活，也仍然不能说一口流利的英语，但是这些人在韩国却完全可以充当英语老师。假设从句、倒置结构、分词结构、补语等这些句式结构就是我在放假的时候，回到韩国当英语老师需要重新学习的韩国式英语。"就算不会说，英语也照样可以学得很好"，这就是韩国的英语教育观念。

或许这也是为什么有些人在英国待了若干年，却仍然不会说英语的原因吧。对于国内陈旧而毫无变化的英语教育现实，我真感到心痛。

你想成为一个用英语和别人进行自由交流、即使没有字幕也可以看外国大片的人吗？那就从现在开始，不要再去分析什么语法，背诵那几乎用不上的

100 个单词并疯狂做题了。总之，请你抛弃老掉牙的英语学习方式吧。

让英语脱口而出

我刚开始去留学的时候，一般都坐日本航空的飞机，理由只有一个——比大韩航空便宜。那时候的我连一句英语也不会说，竟然敢坐外国的飞机，现在想想，当时我也真是没有办法。不管怎样，我还是顺利地办完了登记手续，坐到了飞机上。

那时候，被激动和恐惧填满心房的我坐在位置上无法动弹，突然，我产生了一个想法："现在就只有我一个人了，如果不能开口说英语，就无法生活下去。"

人到了关键时刻，就会被迫去做一些不愿意做的事情。于是，我拿出了一本小小的英语会话口袋书。第一句是："Where is the restroom?" 我把那句英文读了一遍又一遍。

当我觉得差不多已经记住了的时候，一个看起来很和善的乘务员正在向我走来。我立即想到要把她当成我练习此句的目标，虽然我面前就有厕所，但我还是叫住了马上就要从我身边走过去的她。

突然站在外国人前面，我一下子不知道该怎么说话了。经过了几秒钟的安静，我终于想起了刚才那句以"where"为开头的英文。这可真是一件惊奇的事情啊！刚才反复读过的一句英文"Where is the restroom"竟然自动从我的嘴里自然地说了出来！

这是我第一次跟外国人用英语交流，我终于可以和外国人说英语了！当时的我兴奋无比。我似乎感到了一股电流穿过心里，同时，我也明白了，原来英语是要这样学习的。

按照以往的学习思维，我会先考虑 Where 是一个疑问词，然后再判断出主语是 the restroom，动词是 is，因为这里出现的主语是单数，所以动词不是 are，而是 is……如果当时我以这样的方式造句，那么，谁会等我把话说完呢？

从那之后，我就改变了学习英语的方法，开始反复读文章。不管是读 10 遍，还是 20 遍，反复念叨，直到能够脱口而出为止。用这样的方法学习英语，可能需要花很长的时间，但经常用到的单词也就那么多，并且还会重复出现。所以，当你再次碰到类似的词语时，只需要再读 5 遍或者 3 遍，就可以脱口而出了。

6 个月突破英语瓶颈

一般来说，不管学什么都有一个坎儿，这就是所谓的瓶颈。只要过了这个坎儿，剩下的就容易多了。但是，许多人走到这个坎儿面前时却没有坚持下去，而是直接回头下山了。正如学游泳一样，刚开始的时候，要做到浮到水面上是一件很难的事情，但只要学会浮在水面上的方法，无论是自由泳还是蝶泳，你很快就能学会。学骑自行车也是一样，只要学会了把握平衡的正确方法，无论道路再怎么曲折，你也能平稳地骑过去。

学习英语的坎儿就是开口、开耳阶段。只要过了这个坎儿，你的水平一定会突飞猛进。所以，我下定决心在一天之内要说出 20 句英语。就这样，我把每个句子都读了 20 遍以上，然后我发现句子很容易就从我的嘴里说出来了。无论是在公交车，还是在洗手间里，我都习惯性地反复读着一句英语。有时候，我担心周围人把自己当做疯子，所以总是插着耳机，如果有人看到，我就装作唱歌的样子。现在想起来，真是有趣。

就这样，一天 20 句，一个月就是 600 句，6 个月后，我就学会了 3 600 句英语。有一天，我在厨房洗碗的时候，被听到的一句英语台词逗笑了。刚开始的时候，我完全没有意识到，现在想想，那时的我已经在不知不觉中开始理解用英语说的喜剧剧情了，因为喜剧演员说的话就是我已经背下来的句子，所以我很容易就理解演员说的意思，而且根本不用担心那句话的语法或结构是否有错误。

毫不夸张地说，仅仅用了 6 个月时间，我的英语就已经达到了可以和当地人对话的水准。直到现在，我还在用当时背下来的那 3 600 句英文句子。自从那时像发疯似的学习了一段英语后，我再没有学习过英语。仅仅是在看电影，或和朋友们聊天的时候，用英语和他们交谈而已，这也算是我学习英语的另一种方式吧。

或许有人会好奇，背会了 3 600 句英语，就可以说好英语了吗？是的，这是绝对可能的事情。试想一下，如果你反复地背诵了 "What do you want to do" 这一句话，就可以很容易地举一反三，理解 "What do you want to eat" 和 "Where do you want to go" 这类句子的意思了，并且还可以融会贯通。

其实，英语会话就是反复使用同样的单词造句的过程。在这个过程中，你的嘴和耳朵都要不停地循环使用。长此以往，当外国人从你身边经过时，他们所说的话就会自然而然地飘进你的耳朵里；当你看英语电影的时候，不用看台词，就会知道演员说的是什么。

直到现在，我也无法忘记那天早上醒来后，想起昨晚自己第一次在梦中用英语和别人对话的场景，兴奋地大喊了一声"我终于过了英语的坎儿"。

跟着电影学英语

其实，要学好一门外语，只要在听、说方面下够工夫，差不多就万事俱备了。想想小孩子是怎样学会说话的，当小孩子学习语言的时候，最先学的是什么呢？是听和说。虽然他们不会写，不会读，却很会说。

同样的道理，听别人说英语，并试着用英语说应该是我们学英语时最先需要做的事情。其中，最好的方法就是看一些国外连续剧或者电影。当然，不要选择像《黑客帝国》等经常出现科学术语的电影，经常出现日常用语的连续剧或者浪漫喜剧是最好的选择。当你看这些电影的时候，只要弄明白在说什么就可以了。

刚开始的时候，你会感觉听到的句子似乎是一整块。要想做到正确地听懂每个单词，方法不是反复听那一句话，而是要认真地跟读。当然，并不是只要多看几遍就可以了，想在看电影中提高英语水平，也是需要方法的。关于如何在看电影中提高英语水平，我作了以下总结，其正确顺序如下：

1. 舒服地看一遍电影；
2. 第二遍只看英文字幕，弄懂每句话的含义，并开始跟着演员读；
3. 每个句子至少读20遍。如果可以达到这个程度，那句话就会很自然地从你的嘴里说出来；
4. 当句子可以从嘴里自然地说出来时，就可以按照演员的速度，跟着演员说句子了。

弄明白这些以后，再看一遍电影。这时候，你再听演员们说台词就会听出一个一个的单词，而不再是一整块的感觉了。

因此，只要弄明白了一部长达两个小时的电影，一般的会话对你来说就变得很容易。在留学期间，像我这个年龄的女孩子都很喜欢《欲望都市》这部美剧，这是一部讲述女性在友情、爱情、工作、人生等方面感悟的连续剧。我很喜欢剧中的主人公，很希望自己能够像她那样说话。于是，我故意模仿她说话的语气，模仿她们用的俚语，学到了在书本里根本就学不到的英语用词。到这时为止，学习英语对我来说已经是一件很好玩的事情了，此时的我已经达到了享受英语带给我乐趣和成功的阶段了。

在这里，我要格外强调的是，学习过的文章和句子一定要加以实践才行。比如，用 MSN 交一些外国朋友，或者上语言学校，或者加入可以与外国人直接交流的协会等，直接接触用英语说话的人是提升外语实力最好的方法。

学好英语贵在交流

有人说，只要能出国，英语水平自然就会提高了。这是完全没有道理的话。虽然很多人都认为，在到处都用英语交流的环境中，英语水平自然会提高，但如果本人不努力，英语实力是不可能自动提升的。只要留过学的人都会有这样的共鸣。一整天都不说一句英语，就这样生活在外国的留学生其实有很多。

刚开始研修语言的时候，我下定了决心要好好学习，所以一下课就立刻赶往图书馆，直到关门还在拼命地学习。每天我都至少要背诵100个或200个单词。直到有一天，同寝室的一个姐姐小心翼翼地说了我一次后，我就再也没有去过图书馆了。

看到我拼命读书的样子，她这样劝我道："不要总是憋在图书馆里读书。否则还不如在韩国学习呢，何必要花更加昂贵的房租、生活费到国外来受苦呢？以前我也和你一样，几乎每天都生活在图书馆里。看到休息日连门都不开的图书馆，心里就暗骂'这算哪门子图书馆'，然后在家里接着看书。其实，在家里背100个、1 000个英语单词，都不如和外国人多说一句话的效果好。如果要学好这个国家的语言，最重要的是了解这个国家的文化。从现在开始，你应该多参加一些派对，多和美国朋友一起玩，然后从他们身上学习这个国家的文化。只有那样，英语才会变成你的语言，真正融入到你的血液中。等到那个时候，如果你还想进一步学习英语，再去图书馆看书也不迟呀。"

从此以后,我就按照那位姐姐的说法去做了。令人感到神奇的是,在图书馆怎么也记不住的英语单词和句子,在我与实际生活接触后,根本不用死记硬背,很自然地就变成了我自己的语言。事实上,作为一门语言,英语不是让你坐在书桌前学习的,而是需要你在生活中慢慢去掌握的。

外国人在开始学习其他语言的时候,一般会把时间定为6个月,他们觉得用6个月的时间就足够了。如果还想更深入地学习,才会开始学习这门语言的拼写、阅读,以及难学的语法等。可是我们又是如何做的呢!正好与他们相反,耗费了10年以上的时间还不及别人仅仅6个月的效果好。所以从现在开始,放弃陈旧的学习方法,大胆地说出来吧!

朋友们,请不要忘记,学习任何一门语言,最重要的是听和说。

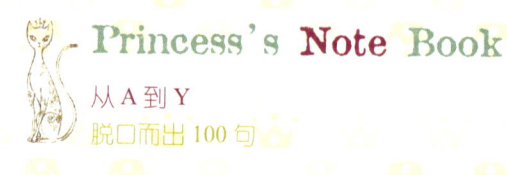

Princess's Note Book

从 A 到 Y
脱口而出 100 句

Any day will do？ 哪一天都可以？

Any messages for me？ 有我的留言吗？

Are you by yourself？ 你一个人来吗？

All right with you？ 你没有问题吧？

Are you free tomorrow？ 明天有空吗？

Are you kidding me？ 你在跟我开玩笑吧？

As soon as possible！ 尽可能快！

Back in a moment！ 马上回来！

Believe it or not！ 信不信由你！

Better luck next time！ 下次会更好！

Boy will be boys！ 本性难移！

Come to the point！ 有话直说！

Do you accept plastic？ 收不收信用卡？

Does it keep long？ 可以保存吗？

Don't be so fussy！ 别挑剔了！

Don't count to me！ 别指望我！

Don't fall for it！ 不要上当！

Don't get me wrong！你搞错了!

Don't give me that！少来这套!

Don't let me down！别让我失望!

Don't lose your head！别乐昏了头!

Don't over do it！别做过头了!

Don't sit there daydreaming！别闲着做白日梦!

Don't stand on ceremony！别太拘束!

Drop me a line！要写信给我!

Easy come easy go！来得容易去得也快!

First come first served！先到先得!

Get a move on！快点吧!

Get off my back！不要嘲笑我!

Give him the works！给他点教训!

Give me a break！饶了我吧!

Give me a hand！帮我一个忙!

Great minds think alike！英雄所见略同!

I'll treat you to lunch. 午餐我请你!

In one ear, out the other ear. 一耳进，一耳出!

I'm spaced-out！我开小差了!

I beg your pardon！请你再说一遍!

I can't afford that！我付不起!

I can't follow you！我不懂你说的!

I can't help it！我情不自禁!

I couldn't reach him！我联络不上他！

I cross my heart！我发誓是真的！

I don't mean it！我不是故意的！

I feel very miserable！我好沮丧！

I have no choice！我别无选择了！

I watch my money！视财如命！

I'll be in touch！保持联络！

I'll check it out！我去看看！

I'll show you around！我带你四处逛逛！

I'll see to it！我会留意的！

I'm crazy for you！我为你疯狂！

Make up your mind.作个决定吧！

Make yourself at home！就当在家一样！

My mouth is watering！我要流口水了！

Never heard of it！没听说过！

Nice talking to you！很高兴和你聊天！

No doubt about it！毋庸置疑！

No pain no gain！不经一事，不长一智！

None of your business！要你管？

Now you are really talking！说得对！

Please don't rush me！请不要催促我！

Please keep me informed！请一定要通知我！

She looks blue today.她今天很忧郁！

She is under the weather. 她心情不好!

So far, so good. 过得去。

Speaking of the devil! 一说曹操,曹操就到!

Stay away from me! 离我远一点!

Stay on the ball! 集中注意力!

That makes no difference. 不都一样吗?

That's a touchy issue! 这是个棘手得问题!

That's always the case! 习以为常!

That's going too far! 这太离谱了!

That's more like that! 这才像话嘛!

The answer is zero! 白忙了!

The dice is cast! 已成定局了!

The same as usual! 一如既往!

The walls have ears! 隔墙有耳!

There is nothing on your business! 这没你的事!

There you go again! 你又来了!

Time is running out! 没有时间了!

We better get going! 最好马上就走!

You make me jump! 你吓了我一跳!

我们每个人都是旅行者，我们都是来到这个世界旅游的，为了学习更多，经历更多，为了成长……当我们结束这场旅行，离开的时候，我在神的面前可以回答一个问题。我没有忘记，我自己是旅行者的事实，所以我一直都很努力地站在路的上面。但是，我不是在学校里学习，而是在路上。

（柳时华：《地球旅行家》）

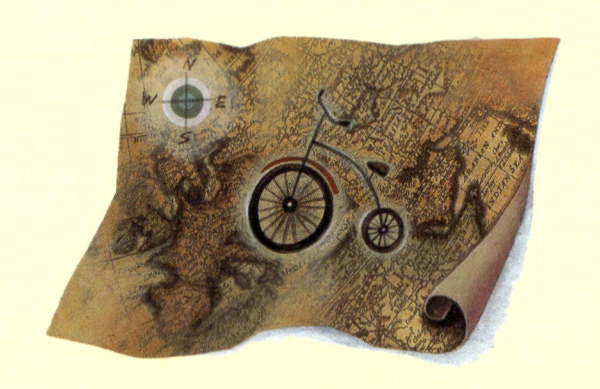

背包旅行,世界在你心中

背上背包去旅行

减肥、整容、名牌,样样都很吸引人,但如果你有足够的金钱,我最想建议你进行一次背包旅行,去见识一下那些不用外表、而用能力掌握自己人生的其他国家的女人,感受一下她们的眼神和热情。或许你觉得进行一次海外旅行有些奢侈,但我所说的背包旅行不是去国外购物,而是穿上一双运动鞋,背一个背包,目的是感受异国文化。人生中如果有一次那样的经历,那将会是你最美好的回忆。

在芝加哥生活的时候,我住的房子前面有一个湖泊。但你知道这个湖有多大吗?有我住的小区那么大吗?难道有首尔那么大?如果有人这样认为的话,他们肯定会说这不是湖,是大海吧!

然而,密歇根湖比人们想象的规模还要大。如果把整个韩国抬过来，放进那个湖里，也会绰绰有余。如果这个国家拥有比韩国还要大的湖，那么这个国家究竟有多大呢？虽然不是不知道世界有多大，但如果没有亲眼所见，你还是很难想象。

当我知道那个湖比韩国还要大的时候，我一下子想通了很多事情。与这个无法想象的世界相比，我在这段时间里一直执著不放的东西是多么渺小，多么微不足道。无论是每天早上运动的时候，还是上下班的时候，我都会看到那个湖。每当这时，我都会对着它暗下决心：一个城市的湖水都有如此规模，看不到边缘，那么这个世界到底会有多大呢？我一定要亲眼看看这个世界究竟有多大！

一个人如果能把世界放在心里，他就是最宽容的人。即使现在明白这个道理也不晚，从现在开始，试着把整个世界放在心里吧，无边无际的世界会一直等着你。

走向梦一般的世界

很多人旅行，目的只是向别人炫耀自己曾经去过哪里，其实，旅行对于我们来说，最大的作用并不在于此。通过旅行，我们可以更加了解自己，还可以见到各种各样的人。走出门，去看一看那些"奇怪"的人们，也让自己变得"奇怪"一些吧；去见识那些了不起的人们，也让自己变得了不起吧。

我在旅行中遇到了很多人。我的旅行不同于跟团旅行。跟团旅行时认识的人们好像很亲热的样子，但往往在旅行结束后就不再联系了。而如果在个人旅行的路途中遇见某个人，或许就会成为一生的朋友。因此，与跟团旅行相比，我更喜欢独自旅行。

跟团旅行一般都是在导游的带领下，在指定的地方下车，照相，然后再上车。所以根本就不用也没有机会向别人敞开心扉，做真正的交流。然而，一旦感到某人给自己带来了损害，马上就会翻脸。与此相比，一个人的旅行就完全不同了。没有领队，日程要由自己计划，车也要自己来找。从表面看来，独自旅行似乎比跟团旅行烦琐得多，但是一个人的旅行却更加自由，不仅可以去自己想去的任何地方，而且还可以在任何自己喜欢的地方停留。当然，如果不认识路，就得向别人询问，所以，一个人的旅行时都需要做好靠近别人的心理准备。或许有些人觉得这样的旅行很麻烦，但这却正是我更喜欢独自旅行的原因。

在我的旅途中，给我印象最深的是在澳洲的临时帐篷中遇见的一个50多岁的大婶。当时，临时帐篷里聚集了来自全世界各地的背包客，不过，他们年龄大多20岁出头，或是稍微年长一点。而我却在那里遇见了一个50多岁的韩国大婶，这真是一件非常惊人的事情。

后来，我才知道那位大婶正在一个人进行背包旅行，目的是环游澳洲。通过进一步的交流，我得知她有一个12岁的儿子，她想让他来澳洲留学。为了在儿子留学之前，可以自豪地告诉儿子"妈妈一个人完成了澳洲之行"，一句英语都不会的大婶计划了这次的单独旅行。不住饭店，执意要住在临时帐篷的大婶在那里成了大姐大。她给外国人亲手制作烤肉，还和大家一起喝啤酒。在我看来，她真是一个爽快又了不起的人。

我和她在同一天离开了临时帐篷，她乘车去蓝山，而我则上了去悉尼的车。我们互相挥手再见，直到几乎看不见彼此，我还向她跷起了大拇指。在我的心里，早已经把她当成了一个值得我敬佩的女人。

那天，我取消了原本定下的目的地——汽车旅馆，而选择临时帐篷作为住处，因为我又想起了在临时帐篷中遇见的那位大婶。躺在如茵的草地上数着亮晶晶的星星，我又想起了大婶那比星星还要闪亮的眼神，而她的故事也长时间萦绕在我的耳边，久久没有散去。

她说："直到 50 岁，我才开始了自己的旅行，而我的同学们早就已经开始了。我剩下的人生不多了，越来越感到生命的珍贵。说真的，人生实在是太短暂了。所以，我决定下一步要做环球旅行。当然了，英语也要开始学习才行。虽然我现在已经 50 岁了，但在花甲之前，我想应该也可以学得差不多吧。不管是幸福的生活，还是甜蜜的爱情，对人生来说都是那么短暂。因此，我们一定要快乐地生活每一天啊！"

有的人因为害怕看到世界的真面目，或者不愿意承受某些东西，始终生活在有限的空间里。这样的人在遇到困难的时候，又怎么能克服呢？亲爱的，不要让自己躲在舒适的小房间里面对电视梦想美好的明天。勇敢地走出来，走向世界吧，你所希望的梦一般的事情，或许就在现实里，正等着你去发现呢！

Princess's Wise Saying

世界是一本书
不旅行的人只看到其中的一页

我们每个人都是旅行者,我们都是来到这个世界旅游的;为了学习更多,经历更多,为了成长……当我们结束这场旅行,离开的时候,我在神的面前可以回答一个问题。我没有忘记,我自己是旅行者的事实,所以我一直都很努力地站在路的上面。但是,我不是在学校里学习,而是在路上。

(柳时华:《地球旅行家》)

旅行使我第一次开始意识到外面的世界。通过旅行,我发现了自身的内省之道,它已然融为旅行的一部分。(尤多拉·韦尔蒂)

对我来说,旅行不在于到哪里去,而在于出发。我为旅行而旅行。最好的事情就是不断前进。

(罗伯特·路易斯·史蒂文森)

旅行，或者那种漫无目的的漂泊过程，其价值在于它们能让我们体验情感上的巨大转变。（雷蒙德·威廉斯）

我看到恒河的纯白日出、萨宾娜天真无邪的笑脸、土耳其那尔汀美丽的笑容；满月下的金字塔、在草原上奔跑的长颈鹿、骑着破烂脚踏车追赶我的保保。泰西亚有点恼怒地笑着，流下稚气未脱的泪水。大海般的丛林中浮现蒂卡尔神殿，以及纪念碑大谷地神圣的风光。雄壮的育空河流淌而过，有鲑鱼跳跃着；在夜空中摇曳的极光……

（石田裕辅：《不去会死》）

如果你不出去走走，你就会以为这就是世界。

（电影《天堂电影院》）

但是我的血液里却有一种强烈的愿望，渴望一种更狂放不羁的旅途。这种安详宁静的快乐好像有一种叫我惊惧不安的东西。我的心渴望一种更加惊险的生活。只要在我的生活中能有变迁——变迁和无法预见的刺激，我是准备踏上怪石嶙峋的山崖，奔赴暗礁满布的海滩的。

（毛姆：《月亮与六便士》）

在无数的狡辩中，最愚蠢和最差劲的辩词是"没有时间"。

(爱迪生)

珍惜生命中的每分每秒

比钻石更珍贵的时间

如果钻石是女人一生的奢求,时间就是比钻石还要珍贵的东西。虽然人生本就不公平,但有件事对所有人来说都是公平的,那就是每个人都拥有相同的时间。

如果说在这个世界上,一个人什么都可以做到的话,起码有一样是做不到的,那就是让时间停止。一个人如何利用时间是最关键的问题。当然,没有人不知道时间的重要性,但由于不知道该如何有效地运用而浪费掉的时间真是太多了。

其实,充分利用时间的方法有很多,其中最有效也最简单的方法是:将时间分成几个小块分别利用,每小块为30分钟或1小时。如果想要充分利用自己的24小时,甚至希望能把它用成相当于别人的48小时,那么你就一定要按照这个方法去做。如果经常这样做，慢慢地，你就会养成习惯。

世界上最愚蠢的就是那些眼睁睁地看着一点一点流逝的时间，却独自发呆的人。

充分利用时间的清晨型人

想成为清晨型人，度过自己的每一天，并不像说的那么容易。即使早上可以起得很早，也不一定可以很好地利用时间，因此需要一个战略分配。首先，你要把一天分成清晨、上午、下午、晚上来使用。现在，我将自己定位为清晨型人，并把使用过的日程表介绍给大家，希望可以给你带来帮助。

清晨

23：00—05：00 睡眠（这时候选择睡眠是非常重要的）

05：00—05：30 起床、洗漱（接着吃早餐）

05：30—06：00 徒步去英语学校

上午

06：00—08：00 上英语课

08：00—09：00 去上班（在地铁里读书）

09：00—12：00 工作（公司的业务也可以根据日程，把它们分成几个30分钟）

下午

12：00—13：00 午休

13：00—18：00 工作

18：00—19：00 下班回家

晚上

19：00—21：00 吃晚饭，看电视

21：00—22：00 洗澡

22：00—23：00 制订明日计划，准备休息

我把一天的时间分成了四段，这样看起来，我的一天是不是变得比别人的一天似乎要长一些呢？

事实上我并非天生清晨型人，而是付出了很大的努力后才变成清晨型人的。上学的时候，我是一个典型的夜猫子。每天凌晨5点左右才睡觉，第二天11点才起床。我选的课程几乎都在下午，所以等我下课回来后，天已经黑了，我自己都不知道这一天是怎么过的。后来，我的体力开始下降，精力也明显地大不如前。为了改变我的生物钟，我决定成为清晨型人。

刚开始的时候，我觉得很难坚持。有时候我还在想，为什么要这样做呢？但是一想起如果现在不把自己的这种坏习惯改过来，可能会后悔终生，就咬咬牙继续坚持下去。每天早上，我都会5点起床，这样持续了一个月后，就发现早上5点起床似乎没有那么辛苦了。这样又过了3个月后，到了早上5点钟，我就会自动睁开眼睛，似乎上了发条一般，到点就醒。

不过，即使早上5点可以按时起床，接下来还要去运动就不那么容易了。所以，我才选择担任清晨班英语讲师。因为责任感，一到5点，我就会马上从床上跳起来。这样，我便充分地把清晨的这段时间利用了起来，既可以运动，又可以保留学习英语的机会，还可以赚一笔外快，真可谓达到了一石四鸟的效果。

开心早起的建议

成为清晨型人，首先要做到早起。这往往是许多人都无法做到的，即使可以做到，也只是暂时的，很难坚持下去。下面我为大家提几点建议。

首先，当闹钟响起的时候，什么都不要想，马上起来。要没有一点迟疑地睁开眼睛，这对于起床来说非常重要。如果听到闹钟响起后却还要赖在床上,虽然你心里想着只要再躺一分钟就起床,但十有八九又会睡着。所以,闹钟响起后,必须没有任何想法马上起床,只要能够坚持下去,时间长了就会形成习惯,早起也就没有那么难了。

其次,叫醒你的五种感觉:用温暖的阳光叫醒你的视觉,用早晨清爽的空气叫醒你的触觉,用香浓的咖啡叫醒你的嗅觉,用悦耳的鸟声唤醒你的听觉,用可口的早餐唤醒你的味觉。

第三,始终保持每天在同一时间起床。即使偶尔因为前一天会餐而睡得很晚,也要和平常一样,在同一时间起床。不过,晚上要早点睡觉,这样第二天才能准时起床。一旦规律被打破一次,想要再纠正过来,就没有那么容易了。

最后,在每天晚上睡觉前制订好第二天的计划表。事先计划好第二天的事情可以成为第二天按时起床的动力。另外,睡前绝不要愤怒或生气。如果偶尔心情不佳,可以在睡觉前做 5 分钟的祈祷或者静心冥想。

总之,如果能坚持开心睡觉、开心起床的习惯,你的人生也会跟着变得开心起来。

Princess's Wise Saying

你所浪费的今天
是昨日逝去之人奢望的明天

在无数的狡辩中,最愚蠢和最差劲的辩词是"没有时间"。(**爱迪生**)

时间就是生命,而生命在人心中。

(**米切尔·恩德:《毛毛》**)

逝者如斯夫,不舍昼夜。(**孔子**)

洗手的时候,日子从水盆里过去;吃饭的时候,日子从饭碗里过去。我觉察他去的匆匆了,伸出手遮挽时,他又从遮挽着的手边过去;天黑时我躺在床上,他便伶伶俐俐地从我身上跨过,从我的脚边飞去了。等我睁开眼和太阳再见,这算又溜走了一日。我掩面叹息。但是新来的日子的影子又开始在叹息里闪过了。(**朱自清**)

把活着的每一天看做生命的最后一天。(**海伦·凯勒**)

没有比漫无目的地徘徊更令人无法忍受的了。如果今天的你还没有任何目标，那么明天的清晨，你用什么理由把自己叫醒呢。(**荷马：《奥德赛》**)

人生天地之间，若白驹过隙，忽然而已。(庄子)

人们总是在长大以后回想起孩童时期。想的不外乎是热衷的各种游戏，已不复存在的原野，青梅竹马的好友……不过最令人难以忘怀的，应该是当时所不在意的"时间"吧。那种无关乎过去或未来，只在乎眼前片刻，无法重新拾回的时光。(**星野道夫：《在漫长的旅途中》**)

明日复明日，明日何其多，我生待明日，万事成蹉跎。世人若被明日累，春去秋来老将至。朝看水东流，暮看日西坠。百年明日能几何，请君听我明日歌。(**文嘉：《明日歌》**)

世界上最快而又最慢；最长而又最短，最平凡而又最珍贵，最易被忽视而又最令人后悔的就是时间。(高尔基)

即使最无足轻重的今天和最无足轻重的昨天相比，也具有现实性这一优势。(叔本华)

如果你不能支配钱，那么，钱就会支配你。

(B.柯林斯迪克)

积累资本,引领富足生活

不做月光族

俗话说,聪明女人在健身房挥洒汗水,傻女人在烈日下汗流浃背;聪明女人使用会员卡,傻女人使用公交卡;聪明女人在豪华公寓里生活,傻女人空手生活。

但事实真是如此吗?大部分20多岁的人都认为现在还不是赚钱的时候,也从来不考虑存钱这回事。一般都是赚多少就花多少,不够就借钱。如果你想要自己的生活更加有品位,从20岁开始就要明白,这样的生活习惯是不正确的。

在大公司工作的坎迪从很久以前就开始这样生活了。因为想买一个非常好看的名牌包包,那个包正好100万韩元(约合人民币6 000元),一次性支付对她来说显然有些难以承受,所以她准备分期付款6个月,这样一来，她每个月就需要还款 17 万韩元（约合人民币 1 000 元）。虽然这对她的生活暂时不会造成什么负担，但即使这样，她也不会把剩下的钱存起来，因为在她的人生字典里，从来就没有"存款"二字。

她的人生经常是这样，当一个分期付款快要结束时，又开始为另一件东西分期付款，然后还清，然后又是下一件东西……对她来说，储蓄根本就是别人的事情。

在现实生活中，像坎迪这样的人实在太多了，虽然没有很多钱，花钱却毫不在乎。相反，有些真正有钱的人在花钱时倒很像是个没有钱的人。有个亿万富翁在接受采访时被问道"为什么不用信用卡"，他是这样回答的："因为我想亲眼看到钱从我的口袋中流出去。"

对于经常使用信用卡的人来说，信用卡就是钱。但要知道，虽然信用卡可以透支一部分钱，但这些钱终归是要还的。而此时，你所透支的不仅仅是钱，也是你的未来价值。因为在如今这样的社会，谁能保证自己永远不下岗呢？谁能保证下个月你一定赚得到钱？即使是最有钱的富人，也绝对不会在鸡下蛋前，就先把蛋钱花掉，因为他们不敢肯定，这只鸡一定下得出这么多蛋来。

同样的道理，分期付款也是在透支自己的价值。虽然分期付款的数额看似不是很多，但从最后的结算来看，就不是小数目了。况且，还清分期付款的时间远远比享受那件东西带来的快乐时间长。这样算来，分期付款并不划算，并且因为透支了未来的收入，存在着很大的风险。人活着难免会遇到很多状况，哪天突然失业也不一定。所以，绝对不能将自己的所有收入透支殆尽，要做到这一点，首先要做的就是不申请信用卡。

尝试风险投资

将钱存到银行里听起来似乎是一件很迂腐的事情，但我们不能不承认，将钱存起来后，我们手里的钱就有了剩余，慢慢地，我们也会成了有钱人。如果存起来的钱达到了一定的数额，我们就有了资本，从而就可以抓住风险投资的赚钱机会。即使那些很有钱的富人，也会把一部分资金存起来。美国的百万富翁一般都把收入的20%存起来。将事先已经划分好数额的资金存起来，然后再用剩下的钱做其他事情是正确的理财习惯。不仅如此，无论发生什么事，"绝不碰那些已经存起来的钱"也是非常重要的。

在韩国，曾经有一段时间，把钱存在银行里，仅仅靠存款利息就可以衣食无忧了。但是像现在这样低的存款利息，再把所有的钱存进银行里，靠那一点利息过活就很困难了。因此，正确的理财方法应该是将一部分资金存在银行后，再用剩余资金做风险投资。过去，人们一般认为只有拥有巨款，才能进行风险投资。其实，仅仅有10万韩元（约合人民币600元）就够了。

如果你从来都没有做过这种投资，明智的选择就是去银行咨询那些专门负责风险投资的职员。他们都是长期从事这方面业务的专业人士，他们的解答会让你学到很多东西。以后如果再碰到类似的实际问题时，联想一下专业人士的说法，你就很容易理解了。

如果你对风险投资很感兴趣，却又不敢轻易地相信别人，那么你可以参加一些网上的相关联合会。无论是采用什么方式，只要你积极地参与进去，那么得到有价值信息的机会就会逐渐增加。其中，参加风险投资现场聚会是一个很好的学习方式。在那里，你可以见到很多从事这方面工作的专业人士和进行风险投资的人士，从他们身上，你可以获得很多宝贵的经验。如果没有得到任何信息就开始进行风险投资，就如同一个不会游泳的人突然跳进水里一样危险。

对于初学者来说，那些非常容易理解的金融门户网站很值得一看，在网上搜索"金融门户网站"一词就可以找到。另外，通过国税厅和国家财政经济部门的网站，也可以得到有关的信息。除了上网，在书店也可以找到无数与风险投资相关的图书，股票、房地产、竞拍、基金等。虽然这方面的书很多，但内容大同小异，所以你只要读完其中的几本，就会明白诸如"为什么要进行风险投资""要如何去做"等问题，其实这些内容都是很容易掌握的。当然，如果没有花费一定的时间和精力，一个人是不可能成为富翁的。也就是说，只有彻底地了解并拥有这方面的知识后再进行的投资才会结出胜利的果实。

在世界富翁的排名中，我最喜欢的是沃伦·巴菲特。最近他给自己的莫逆之交比尔·盖茨的慈善基金会投资了一大笔财产，虽然这是我喜欢他的一个理由，但我更喜欢他对风险投资的理解和看法，简洁而又透彻的语言让我心动。

　　我想世界上没有一个人不想成为富翁，很多人都想知道成为富翁是否有什么秘诀。我认为，成为富翁没有什么捷径可走，却有方法可循。

Princess's Magic Tips

*巴菲特成为富翁的4个秘诀

1. 马上扔掉你手中的信用卡。
2. 不要以"借贷"为生活的开始,而要从小额存款开始,哪怕是很少的一点存款也好。
3. 即使报酬很少,也要选择适合你的工作。
4. 发挥你的无限创意,一个好的想法往往是与金钱紧密相联的。

*告别"月光公主"的8个诀窍

1. 购物前列出购物清单。
2. 减价才出手。
3. 经常光顾几家店铺,和它们的老板混熟。
4. 大胆讲价。
5. 利用商家宣传单。
6. 善用信用卡。
7. 分期付款消费。
8. 不要过度追随潮流商品。

Princess's Wise Saying

追随你的心
财富便会翩然而至

如果你不能支配钱,那么,钱就会支配你。

(B. 柯林斯迪克)

我想要过穷人的生活,但一定要有很多钱。(毕加索)

如果我们控制了财富,我们就会变得富有而自由;如果财富控制了我们,我们就会变得穷困潦倒。(爱德蒙·伯克)

钱算得上什么呢?所谓成功,是指一个人在起床后到上床前这段时间内,做的是自己喜欢的事。(鲍勃·迪伦)

物质的富有不代表真的富有。许多人活得很挣扎,名与利的诱惑比物资匮乏时代强烈百倍。他们期望自己高贵起来,却不知道什么是真正的高贵。(**星云大师:《修好这颗心》**)

老天爷为什么不把通常的过程颠倒一下,让多数人首先获得财富,慢慢把它花掉,然后让他们在不需要再有钱的时候,变成一个穷光蛋死去呢?

(马克·吐温)

对于浪费的人,金钱是圆的,可是对于节俭的人,金钱是扁平的,是可以一块块堆积起来的。(巴尔扎克)

工作的本身如果是对的,是对社会有益的,金钱会自然地跟随而来。(松下幸之助)

我始终相信,开始在内心生活得更严肃的人,也会在外表上开始生活得更朴素。在一个奢华浪费的年代,我希望能向世界表明,人类真正需要的东西是非常之微少的。(海明威:《真实的高贵》)

我始终知道我会富有,对此我不曾有过一丝一毫的怀疑。(巴菲特)

装扮自己并不是一种奢侈的事。

(香奈儿)

美丽需要用心经营

装点有品位的生活

女人要学会享受奢侈,这不是说让你随便挥霍金钱,而是说在某一方面要表现出高贵和大方。也就是说,女人要善于经营自己。

琳是我一位学长的夫人,现在,我称呼她为姐姐。和学长结婚后,她就跟着丈夫来到了美国,见到她的那一刻,我情不自禁地感叹道:"好漂亮啊!"

为了去蹭一顿美味的韩国料理,我经常去他们家做客。姐姐每次递给我的玻璃水杯里都放一片柠檬,偶尔也会换成酸橙。喝着那样的水,我觉得自己似乎也开始变得特别起来了。还有,姐姐每次都会将食物放在一个小小的、精致的盘子里,当你享用的时候,仿佛置身于一个高档的韩国饭店。

姐姐是一个很优雅的女人,房间总是打扫得干干净净，而且还有一股淡淡的香气。听说学长上学后，姐姐就开始在家里打扫卫生，庭院也被她装扮得很漂亮。平日里，姐姐和学长吃完饭后就一起去健身中心做运动；周末的时候，他们还会一起去打高尔夫球。

有一天，我在学校听高尔夫课程时，远远地看到窗外有一对情侣，虽然各自都穿着一身简单的高尔夫装，但他们优雅的气质却令人神往。当他们走近的时候，我才发现他们就是学长和姐姐。他们与普通人一样，生活过得平淡而有规律。但与众不同的是，他们把生活过得格外精致，当然了，这多半是姐姐的功劳。

有一次，我把一件东西落在了学长家里，所以下课后，我又去了他们家。当姐姐打开房门的那一瞬间，我惊呆了：在一个慵懒的下午，姐姐正在喝着一杯现磨的咖啡，整个房间都弥漫着浓浓的咖啡香，收音机里，麦克布雷的爵士音乐轻轻飞扬。我一眼看到了窗边放着一本书，我想刚才姐姐一定是在看书。在这样的氛围里，别人认为很郁闷的读书在她看来该是多么大的一种享受啊！置身于这样的环境，我的心情也变得有些恍惚，因为我从来都不知道，原来美丽、优雅竟然是这样的。

无论是在外面还是在家里,姐姐对自己的装扮从不怠慢,头发永远都整理得很利落,而且始终身着简单而又精致的服装。在她身上,我从来没有看到一丝凌乱。因此,我非常理解为什么学长对待姐姐就像对待公主一样。即使是我,在看到她的瞬间,也会产生尊敬和喜爱的感觉,更何况是她的丈夫的呢。

虽然我只比她小4岁,但和她却没法相比。她说话时总是那么和蔼可亲,知识很丰富,与她聊天时,我总能学到很多东西。一直以来,我以为有如此修养的姐姐肯定是个大户人家的千金,但随着接触的加深,我才知道她并不是什么富家女,也没有什么了不起的家世背景。

姐姐在一个不是很富裕的家庭里长大,上大学的时候遇到了学长,并在后来和他结婚了。他们刚开始交往的时候,学长的家人很反对,不过听说现在姐姐的公婆都对她很好。我想他们一定是在真正地了解了姐姐是个什么样的女人后,才开始越来越喜欢她的。

现在回想起来,她从来都没有向别人炫耀过什么,但是人们只要感受到她的优雅气质,便不敢轻率地对待她。姐姐不仅是一个懂得照顾自己的人,还知道怎样关心别人，像姐姐这样既聪慧又善良的女人才是真正美丽的公主。

我们要做到像姐姐那样优雅美丽，不靠外貌，更不靠金钱，而靠一颗善良和真诚的心。

打造优雅气质

每个女人都希望自己气质优雅、受人尊敬，但要做到这一点并不是一件简单的事情，甚至需要一段很长的时间。在此，我为大家总结几种方法，希望对大家有所帮助。

手握一只高脚杯或者精致的玻璃茶杯可以使女人的身姿变得更加优雅。在西餐厅里，一般都会把清水装在透明的玻璃杯里，看着漂亮精致的杯子，心情也会变得很好。在家里也同样可以营造出这样的氛围，并且还可以在水里加一片柠檬，那样，水的味道会变得更加与众不同。

参加葡萄酒派对。女人高贵的兴趣，要在高贵的行为中表现出来。就算不是葡萄酒派对，从大型便利店里的红酒专业员那里得到相关的葡萄酒知识，也是可以的。要了解一两种自己喜欢的葡萄酒种类，在聚会或派对中也可以很自然地点酒了。

喝咖啡的时候，选择那些比较华丽的咖啡馆。女人在闷热的茶座里喝咖啡和在幽雅的咖啡馆喝咖啡会感受到完全不同的气氛，心情也不大一样。一个人如果总处在幽雅的环境里，她自然也会变得越来越优雅。

女人变身是无罪的。掌握新的流行趋势，改变化妆发型和服装的类型吧。如果是在特别的日子，还可以接受专家设计的造型，或利用一些物美价廉的美容院。这样也许你会发现自己隐藏的美丽。

无论是鞋子、旅行包，还是香水、化妆品，即使价格很贵，最好还是选择那些质量好的。从长期来看，或许这并不是一个很亏的选择。像鞋子和旅行包这样的损耗品很容易坏掉，所以与其再换新的，还不如一开始就买个好一点的。另外，品牌的东西还可以提供很好的售后服务，这是其他劣质产品无法比拟的。香水的选择更为重要，因为它直接刺激别人的嗅觉，是给人留下深刻印象的重要因素。因此，与其买几个便宜货，还不如选一个质量好的。另外，在选择香水的时候，一定要选择适合自己的味道，这一点同样重要。

经常组织派对，以女主人的身份出现。在这样的聚会中，并不要求你做出很多料理，但一定要记住那些客人们最喜欢的一两种料理。然后再加上红酒、饭后甜点之类的食物，也就差不多了。客人们看到女主人特意准备了自己喜欢的食物，一定会觉得受到了特别的款待。

　　当然了，这样的聚会需要一个人做完所有的菜肴，的确是有些负担。如果觉得做料理使你感到很有压力的话，就换一种聚会的方法吧。因为这样的聚会的确是有些麻烦，所以现在的聚会也慢慢地变成了参加的人各自带一样菜，而女主人只准备茶、蛋糕之类的饭后甜点的自助餐聚会。经常举行自助餐聚会，不仅可以让大家一起分享美食，还可以增进彼此之间的感情。所以，让我们都成为优雅地喝着香槟酒、同大家和睦相处的女人吧！

Princess's Magic Tips

* 奥黛丽·赫本的美丽箴言
Audrey Hepburn's beauty tips

魅力的双唇,在于亲切友善的语言。
For attractive lips, speak words of kindness.

可爱的眼睛,善于探寻别人的优点。
For lovely eyes, seek out the good in people.

得到苗条的身材,请与饥饿的人分享食物。
For a slim figure, share your food with the hungry.

美丽的秀发,在于每天有孩子的手指穿过它。
For beautiful hair, let a child run his or her fingers through it once a day.

优美的姿态,在于你与知识同行而不是独行。
For poise, walk with the knowledge that you never walk alone.

Princess's Wise Saying

不要吝啬洒上你最好的香水
你想用的时候就尽情享用吧

装扮自己并不是一种奢侈的事。(香奈儿)

女人的魅力不在于外表,真正的美丽折射于一个女人灵魂深处,在于亲切的给予和热情。(奥黛丽·赫本)

若能保持自持修行的坚韧,遵循品德和良知,洁净恩慈,并以此化成心里一朵清香简单的兰花,即使不置身幽深僻静的山谷,也能自留出一片清净天地。(比尔·波特:《空谷幽兰》)

17岁时你不漂亮,可以怪罪于母亲没有遗传好的容貌;但是30岁了依然不漂亮,就只能责怪自己,因为在那么漫长的日子里,你没有往生命里注入新的东西。(居里夫人)

宠辱不惊,闲看庭前花开花落。去留无意,漫随天外云卷云舒。(洪应明:《菜根谭》)

一些年之后，我要跟你去山下人迹稀少的小镇生活。清晨爬到高山巅顶，下山去集市买蔬菜水果，烹煮打扫。午后读一本书。晚上在杏花树下喝酒，聊天，直到月色和露水清凉。在梦中，行至岩凤尾蕨茂盛的空空山谷，鸟声清脆，树上种子崩裂……一起在树下疲累而眠。醒来时，我尚年少，你未老。

（安妮宝贝）

要做这样的女子：面若桃花、心深似海、冷暖自知、真诚善良、触觉敏锐、情感丰富、坚忍、独立、缱绻决绝。坚持读书、写字、听歌、旅行、上网、摄影，有时唱歌、跳舞、打扫、烹饪、约会、狂欢。（张小娴）

回归生活的细节，不管际遇和心情如何，我们有责任先吃好一顿饭，睡好一个觉，打点自己，收拾自己。活好每一天，每一刻，在生活的细节里。每天对着镜子，对自己微笑三次，睡前感谢自己今天的一切。无论发生什么，先善待自己。

（素黑：《好好修养爱》）

状貌之美胜于颜色之美，而适宜并优雅的行为之美又胜于状貌之美。美中之最上者就是图画所不能表现，初睹所不能见及者。（培根）

如果做的事情一直都比该做的事情多,那么,总有一天,你会得到比应得的报酬更多的回报。

(萧伯纳)

用热情奔放的心态拥抱本职工作

热爱你的工作

在美国饭店行业销售额排名第四位的是澳拜客（Outback），其营销理事加德拉是一个将所有精力和热情都投入到工作中，并以小小的年纪就取得了成功的职业女性。她在上大学的时候，就开始在美国亚特兰大市的埃默里大学附近的澳拜客里擦盘子。凡是她擦过的盘子，连一滴水珠印都没有，不仅擦得很干净，而且总放得很整齐。

她从来不觉得自己的工作很微小，所以总是很认真地对待自己的工作。正是因为她端正的心态，所以做事时总是充满了热情，似乎在做一件特别了不起的事。有一次，她正在一个一个地把盘子擦干净，然后又一个一个地整齐排列在柜子上时，经理看到了她，被她那充满热情的工作姿势所感动，从而让她成了公司的正式员工。之后的5年内,她就坐到了理事的位置。

大专毕业后,夏洛特在一家服装店找到了一份工作。因为她服务态度亲切,很多人都会再到她工作店里买衣服。在服装店工作了一年后,夏洛特就升职为店长。客人去她的店里,即使不买衣服,也可以从头到脚地试穿所有自己喜欢的衣服。不仅如此,她还主动帮客人们挑选适合她们的衣服、饰品、鞋子等,免费为她们修整眉毛。如果客人需要的话,她也会亲自为客人化妆,使客人的妆容与试穿的衣服相配。无论客人们买不买衣服,她都会这样做,而且脸上总是挂满了亲切的笑容。

因为在她的店里不会感到任何负担,所以无论是谁,路过的时候都会不由自主地进里面逛一逛,如果碰到了喜欢的衣服,即使没有买的打算,最终也会买下来。这样一来,店里的销售量每天都有所增长,于是,社长便决定扩大连锁商店。夏洛特再次升迁,成为了管理所有卖场的室长,而此时的她只有22岁。

很多人会对自己微薄的工资表示不满。但想想看,那些每月都拿着高薪的人难道从一开始就拿到了自己很满意的工资吗?当然不是。或许,他们的起点比你们稍微好一点，但谁都不会对自己的工资感到满足。其实，刚开始的报酬高低并不是最关键的问题，最重要的是你的工作态度。如果你能保持良好的心态，把热情投入到工作当中，高薪的日子就离你不远了。

选择喜欢的工作

不劳动的快乐缺少意义，而没有快乐的劳动也没有任何价值。如果有两个工作供你选择：第一个工作工资高，却没有一点意思；第二个工资低，却很有意思。你会选择哪一个呢？大部分人可能会选择工资较高的那个工作，但是，如果想要成为一名真正的职业女性，最明智的选择应该是后者。

虽然一开始的工资比较少，但它是一份让你感兴趣的工作。有时候，薪酬高的工作不一定太难找，而一份自己感兴趣的工作却很难找到。想想看吧，在一个自己喜欢的岗位上工作，心情该是多么愉快，心情好了，做起事来自然也会顺利得多。工资往上涨不是早晚的事吗？相反，在一家你感到很无聊，甚至压力巨大的公司里工作，心情该有多郁闷。带着不愉快的心情工作，自然不会尽力，也一定不会认真做事。没有尽全力做事，自然没有成绩，没有成绩，工资也就不会往上涨。

因此，无论是从长远来看，还是从自己的感受出发，都应该选择自己喜欢的工作。这样，你的生活才是最幸福的，也只有那样，你才可以获得成功的机会。

无论你怀着怎样的心情，每天的日子都会一成不变地从你面前走过。高高兴兴是一天，忧忧郁郁也是一天，为什么不选择高高兴兴地度过每一天呢？所以，如果你已经选择了一件事，就要学会享受它。在这个世界上，无论我们怎么选择，都会处在艰难的环境和复杂的人际关系之中，所以我们的选择只有两个：享受和痛苦。在这个世界上，能做自己喜欢的事的人究竟有多少呢？我们一般喜欢称这样的人为"幸运的人"，但被大家忽略的是，他们同时也是能够掌握幸运的人，比起其他人，他们更愿意选择做自己喜欢做的事情。

你知道每天有多少人想写辞职信吗？"这个无聊的公司，只要一有机会，我就马上辞职"的想法时时出现在他们的脑海中，虽然很烦恼，却也没有办法。你是否也产生了这样的念头？或许已经很久了吧。既然这样也不行,那样也不可,为什么还要在那里承受莫名的压力呢?如果真的没办法离开的话,就学会去享受吧,否则,就只有痛苦了。

灵感源于好奇心

一个人如果没有好奇心,就不会产生各种不同的想法,自然也不会产生好的灵感。所以说,灵感源自于好奇。一个好的灵感不是你想出了一个别人没有想到的东西或方法,而是找出了一个大家都认为"要是这样就好了"的东西或方法,并最先将它开发出来。

有一段时期,人们普遍认为化妆品越贵越好。为了使自己的脸变得更好,女人们毫不犹豫地打开自己的腰包。这时,如果有一种低价化妆品突然上市的话,我相信没有人会购买。然而,有一种商品却把人们对化妆品的认识完全改变了。该公司的 4 名开创者在创业初期时只有 1 000 万韩元(约合人民币 6 万元),却做到了别人都认为不可能的事情。她们不仅把不可能变成了可能,而且还取得了巨大的成功。

星巴克咖啡在西雅图开第一家店铺的时候,很多人都认为,谁会喝比吃饭还要贵的咖啡呢?如果不降低价格的话，根本不可能成功。再加上麦当劳供应便宜咖啡，更没有人相信星巴克会成功了。但现在，即使不吃饭也要喝一杯星巴克咖啡的人却越来越多。星巴克改变了人们的咖啡观，获得了真正的成功。

感恩自己的拥有

无论做什么事情，顺其自然最容易，也最可能成功。如同划船，若顺风而行，你会划得更快更远；若逆风而行，你就会划得很吃力，甚至停留在原来的位置上。如果你总是抱怨自己的家庭不够富有、自己的学历不够高或人际关系不够多，一味地否定和抵抗外在环境，那么，你的人生就不会有进步。

"如果我考入名牌大学，就一定会更认真地学习""如果我能够成为律师或医生，一定会做得更好""如果我像她那样有钱的话，一定会成功"……你是否也有过类似的想法呢？经常被假设绑住了手脚的人们，即使真的成了医生或律师，也一定还会产生"如果我的人际关系再广一些，就一定可以升得更高""如果我更有钱的话，一定可以建造一个比这里更好的医院"等想法，把自己陷在无穷无尽的假设当中。

不管在任何位置,只有认真工作的人才会获得成功。因此,从现在开始,你要对自己可以做到的事情付出百分百的努力。一个对自己所拥有的不懂得感恩、一味贪婪的人,即使得到了全世界所有的东西,他也不会感到满足。

Princess's Note Book

我是堂堂正正的职业女性
我为自己的今天感到无比骄傲

* 职业女性必备的 9 种习惯

1. 与人打招呼时，声音要比对方高一些。
2. 工作时，要勤奋、认真。
3. 给每件任务定个交期，保证交期内完成。养成习惯后，做事效率会慢慢提高。
4. 养成记事的好习惯，及时记下脑海中涌现的各种灵感。俗话说，好记性不如烂笔头。
5. 养成制订计划的习惯。提前制订好一天计划、一周计划、一月计划和一年计划。
6. 时刻保持工作环境的整洁干净。在办公室里放置一瓶空气清新剂或摆一个小花盆，置身于这样的环境中，工作效率也会提高。
7. 所有的事情都要善始善终。不要忽视细小的后事，虎头蛇尾是成功人士的大忌。
8. 在桌子前放上一个漂亮的镜子。当你碰到不顺心的事情或心情不好时，就对镜子里微笑一下。这样，你的心情会变得好一些。

9. 时刻准备抓住机会。很多人都不愿意做一些辛苦的事情,但想要成为真正的职业女性,这种事情一定要领先。

*给新新职业女性的 9 个忠告

1. 不要失去开始阶段可以熔化所有东西的工作热情。
2. 经常与自己敬佩的人聊天,获得更多的经验。
3. 不要害怕新事物,多积累一些经验对自己的职业生涯大有帮助。
4. 要格外小心喝酒的地方。
5. 不要总是以女人为借口逃避那些辛苦的事情。在细腻和认真的同时保证执行力。
6. 不需要对所有人解释所有的事情。
7. 如果想满足上司,就要增加公司的财产;如果想满足顾客,就要增加顾客的财产。
8. 产生了什么想法时,就认真地去做,不要总是心存假设。
9. 在事情完成之前,千万不要心存侥幸。

胜者以负责任的态度度过一生，败者因浪费时间而耗掉一生。

(J.哈维)

Keep Promise

诚实守信，遵守与他人的约定

信守自己的承诺

如果碰到了迫不得已的情况，不能及时赶到约会地点，一定要在最短的时间内告诉对方。时间对于每个人来说都如金子一样宝贵，千万不要浪费了别人的时间。经常迟到的人在任何事情上都会偷懒，这种类型的人总会让你等到心焦。所以，最好不要与这样的人一起工作。

这里有一个可以在约会中不迟到的方法。比如，约定的时间是3点，就把约会的时间想成是两点，为自己留出一个小时的时间。这样的话，即使临时有什么事情，也有充裕的准备时间。

如果不能保证遵守约定，那么从一开始就不要答应别人。因为你的失信不仅会使别人感到不快，也会影响到你个人的信誉。

澳大利亚前总理霍华德在成为总理之前,曾经夸下海口说:"我一定要让所有澳大利亚的国民都坐上奔驰车。"当时,虽然没有人认为他说的话会实现,但不管怎样,人们还是很喜欢他的那个承诺。最后,当霍华德真的成为澳大利亚总理时,人们最关心的问题居然不是他会如何治理澳大利亚,而是看他如何兑现自己的承诺。

果然,霍华德被任命为总理后做的第一件事便是给梅赛德斯奔驰公司打电话。他只说了一句话:"马上把澳大利亚所有的公交车全都换成奔驰!"

就这样,标有梅赛德斯奔驰牌子的公交车应运而生了。虽然是奔驰公交车,但票价一点也没有上涨。因为霍华德,我如今也可以尽情地乘坐奔驰了。虽然他的承诺和我们心里所想的并不一样,但不管怎样,我仍然觉得为了兑现自己的承诺而努力的霍华德是一个令人敬佩的人。

事前安排好计划

俗话说,一顺百顺,一不顺百不顺。同样的道理,如果有一件事情没有按原计划实现的话,那么所有的事情都会跟着往后推迟。陷入这样的恶性循环后，你会发现所有的事情都不顺利。

米歇尔向装修公司发了简历，在面试时她失败了，原因是迟到了。如果她从家里早一点出来，就不会迟到了，而她迟到是因为昨天晚上没有把上衣熨好，虽然想穿其他的衣服，但喜欢的衣服都送到了洗衣店；如果她能起得更早一些的话，时间也就够了，但因为前天晚上的联欢会，她喝得太多了，回家又很晚，所以第二天早上就起晚了。

因为没有早起，最终影响到了她的面试，从而错过了一个工作机会。对于她来说，这是一个多么沉痛的教训啊。我们也同样需要注意这个问题，希望大家引以为鉴。

所以，如果周四要提交一份报告书，那么就不要把时间定在周四下午6点，而应该提前一天，定在周三的下午6点。

这样安排的话，不仅会使你产生一种紧迫感，而且还能为自己腾出一定的时间，即使周四有什么急事，也不至于产生大问题。

如果是一个小组共同完成一件事情，那么就不要对同事说"尽快完成""今天下午之前给我"之类的时间概念比较模糊的话。你应该准确地提出在几点以前一定要结束的要求，这样对方才会有一种紧迫感，从而更有动力地完成工作。

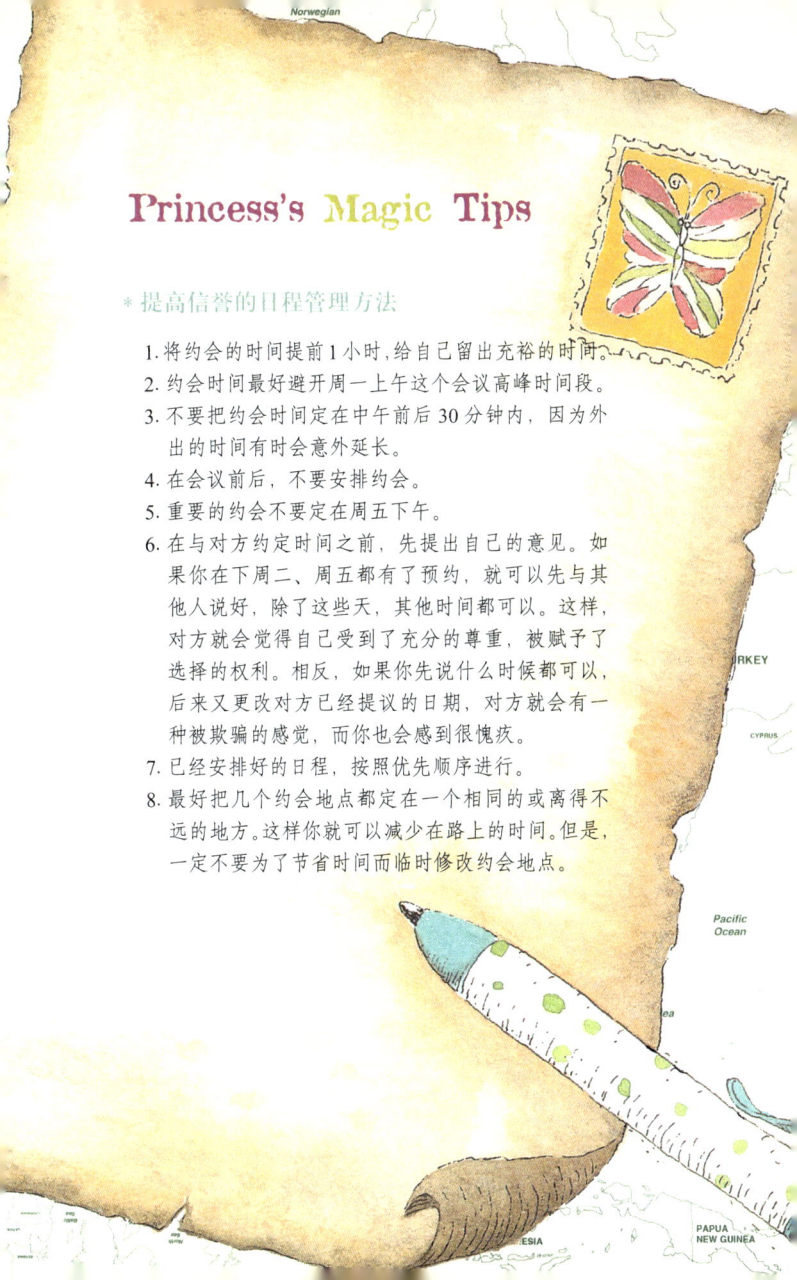

Princess's Magic Tips

*提高信誉的日程管理方法

1. 将约会的时间提前1小时,给自己留出充裕的时间。
2. 约会时间最好避开周一上午这个会议高峰时间段。
3. 不要把约会时间定在中午前后30分钟内,因为外出的时间有时会意外延长。
4. 在会议前后,不要安排约会。
5. 重要的约会不要定在周五下午。
6. 在与对方约定时间之前,先提出自己的意见。如果你在下周二、周五都有了预约,就可以先与其他人说好,除了这些天,其他时间都可以。这样,对方就会觉得自己受到了充分的尊重,被赋予了选择的权利。相反,如果你先说什么时候都可以,后来又更改对方已经提议的日期,对方就会有一种被欺骗的感觉,而你也会感到很愧疚。
7. 已经安排好的日程,按照优先顺序进行。
8. 最好把几个约会地点都定在一个相同的或离得不远的地方。这样你就可以减少在路上的时间。但是,一定不要为了节省时间而临时修改约会地点。

Princess's Wise Saying

诚实守信是做人的根本
是世界上最美丽的花朵

胜者以负责任的态度度过一生,败者因浪费时间而耗掉一生。(J. 哈维)

无论一个人选择什么职业,这个人生活的质量与他们对卓越的承诺直接成比例。(文森·伦巴底)

品德是无法伪造的,也无法像衣服一样随兴地穿上或脱下来丢在一旁。就像木头的纹路源自树木的中心,品德的成长与发育也需要时间和滋养。也因此,我们日复一日地写下自身的命运,因为我们的所为毫不留情地决定我们的命运。我相信这就是人生的最高逻辑和法则。(宋美龄)

信用是难得易失的,费十年工夫积累的信用,往往由于一时的言行而失掉。(池田大作)

当信用消失的时候,肉体就没有生命。(**大仲马**)

诚实是力量的一种象征,它显示着一个人的高度自重和内心的安全感与尊严感。(**艾琳·卡瑟**)

失去信用等于碎了的镜子,不可能修复。(**德国谚语**)

我宁愿以诚挚获得一百名敌人的攻击,也不愿以伪善获得十个朋友的赞扬。(**裴多菲**)

失足,你可能马上恢复站立,失信,你也许永难挽回。(**富兰克林**)

诚实守信,对自己,是一种心灵的开放,是对自己人格的尊重;对他人,是一种交往的道德,是一种气魄和自信;对企业发展,则是一种精神,是无形资产,更是管理价值的有效提升。(**鲁冠球**)

Thanks to

本书的素材均源自于我所遇见的女性朋友的事迹或话语。我将把她们的那些热情和感动展现出来，就有了本书中一个个发人深思的片段。基于此，我要向这些带给我无数灵感的姐妹们表示感谢。

此外，我还要向比我生命还要珍贵的亲朋即我的父母、哥哥、姐姐、姐夫、侄子惠京和惠彬及一直在我身边支持我的韩国朋友和邀请我访问的各国朋友们表示感谢。

我还要向虽然相隔遥远却时时铭记于心的导师郑代表、伊利诺伊州立大学姜宗根教授，以及全力支持我完成此书的李真雅理事和 Wisdom House 出版社的各位朋友表示衷心的谢意。

是你们赋予了本书成功的力量，谢谢！

2006 年冬　飞赴韩国途中

Aness An

珍妮佛·洛佩兹有次接受采访,
当被问到自己成功的秘诀时,
她答道:
"我可以。"

自信感贵于任何华服或化妆品,
它是让女人闪耀光辉的魔粉。
现在,给自己施咒吧。
"我可以!"
"我很特别!"
"我很幸福!"
把隐藏在你内心深处的魅力拿出来。
你要相信,在你身价骤升的时刻,
你将成为一个超乎想象的完美公主!
因为,你可以。

GOOD LUCK！

Wisdom Card
公主的魔法智慧卡

选择心仪的魔法智慧卡夹在钱包、日记本里，也可以做成书签夹在喜欢的书中，还可以贴在书桌前或床头的墙壁上，以便天天可以阅读它。渐渐地，智慧卡上的文字就会变成魔咒，潜移默化地影响你的生活。

当你感觉压力爆棚，感到生活正在偏离自己的梦想轨道时，翻阅一下魔法智慧卡，卡片中充满生命力的语言会随时给你的心灵送去慰藉，你也可以借此重新审视一下自己的生活，并再次设定自己的目标。

同你生命中最珍贵的人分享魔法智慧卡，交流心得，互相督促，促进双方共同进步。

对着魔法智慧卡默默许愿，只要你真心渴望，你的人生就会发生奇迹般的全新改变！

愿智慧卡伴你美梦成真！

Attraction
魅 力

我是一个有魅力的女人，
将会得到别人的喜爱和支持

Beauty
美 丽

我将成为回头率 100% 的女性

Braveness
勇 气

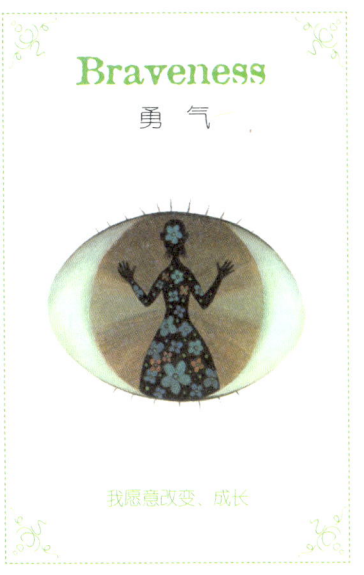

我愿意改变、成长

Career
职 业

我将成为堂堂正正的职业女性

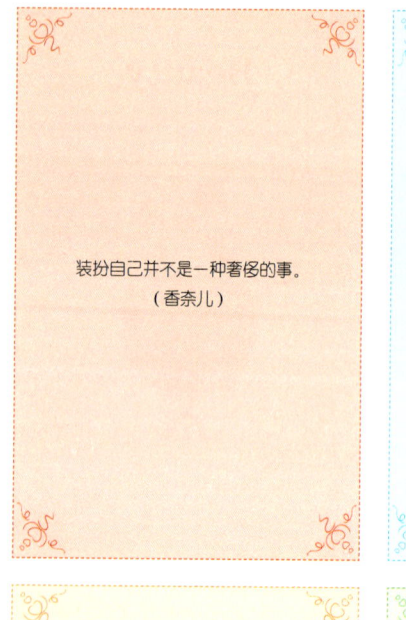

装扮自己并不是一种奢侈的事。
（香奈儿）

一些人总是抱怨玫瑰有刺，我却感到刺茎上有玫瑰。
（阿房斯·卡尔）

如果做的事情一直都比该做的事情要多，那么，
总有一天，你会得到比应得的报酬更多的回报。
（萧伯纳）

如果心里传来"我不太会画画"的声音，你就必须试着画画。
在你画画的时候，这种声音就会逐渐消失。
（梵高）

Caution
警告

Chance
机会

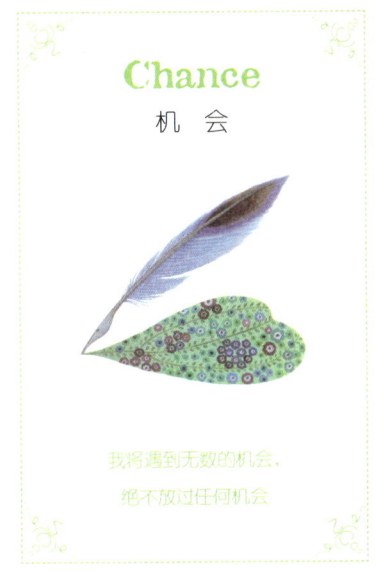

我将遇到无数的机会，
绝不放过任何机会

Choice
选择

我来青楚我现在所过心选择

Confidence
自信心

用自信心代替恐惧与忧虑

我没有能力做到所有的事情，
但是，有些事情却
分明是可以做到的。
正因为我不能做到所有事情，
所以我更加不能放弃
我能做到的事情。
（爱德华）

你现在的生活态度是否过于懒惰？
那么这张警告卡就及时送给你了。
你可以运用机智避免
对你不利的状况，
也可以在无损双方关系的前提下向
对方提出警告。
请将深藏在内心最深处的一切都用
微笑来传达吧！

时间是无比宝贵的东西，任何东西
都无法与之交换，
而我们却都喜欢把时间浪费在那些
一年后便会忘得一干二净的
悲伤上面。
正是因为我们过于谨慎，人生才会
显得如此短暂。
（安德鲁·卡耐基）

瞬间的选择可以左右人的一生，
所以在选择的时候有几个标准需
要遵守。
比如，哪个选择正确、
哪个选择是光明的、
哪个选择和未来有关等，
而最重要的是哪一个选择可以让
我比别人更加幸福。
但是，无论怎么说，
选择的人都是你自己。
（阿迪丝·惠特曼：《冥想的艺术》）

Contribution
分 享

我将成为内心深处
散发着幽香的女人

Cosmopolitan
国际化

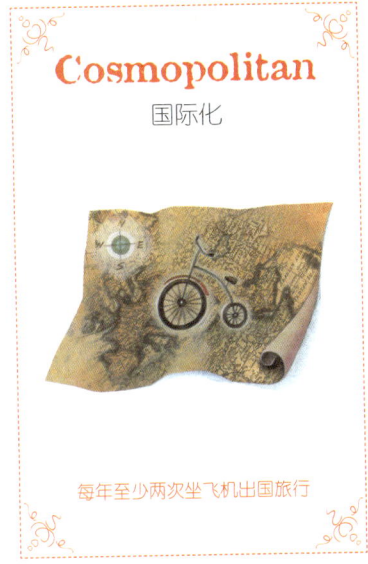

每年至少两次坐飞机出国旅行

Diligence
勤勉

绝不虚度每分每秒

Dream
梦想

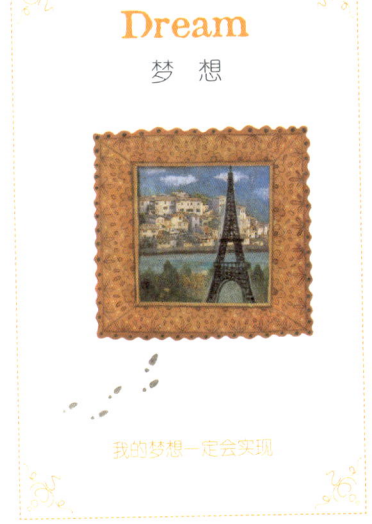

我的梦想一定会实现

我们每个人都是旅行者,
我们都是来到这个世界旅游的,
为了学习更多,经历更多,
为了成长……当我们结束这场旅行,
离开的时候,
我在神的面前可以回答一个问题。
我没有忘记,
我自己是旅行者的事实,
所以我一直都很努力地站在路的
上面。但是,
我不是在学校里学习,
而是在路上。
(柳时华:《地球星旅行者》)

罗斯玛丽修女在路边
见到了一名正在沿街乞讨的
衣衫褴褛的少女,
她望着眼前的少女,
抑制不住内心的悲伤,
忍不住对上帝提出了质疑:
"上帝啊,眼前的少女这样可怜,
你怎么可以不管她呢?
你为什么连一件事情都没
为她做呢?"
上帝回答道:
"我已经为这个少女做了
一件事情,那就是创造出了你。"

琳达阿姨曾经说过这样的一句话:
一个人如果没有任何期望,
他就永远都不会感到失望,
这又何尝不是一件好事呢?
但我认为,
如果一个人因为害怕失望而
放弃对未来的想象和期待,
他的人生也将变得
毫无乐趣可言。
(露西·蒙格玛丽:《红头发安妮》)

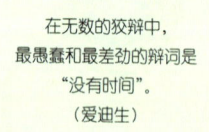

在无数的狡辩中,
最愚蠢和最差劲的辩词是
"没有时间"。
(爱迪生)

Family
家 人

我身边的所有人
都会一直幸福安康

Friendship
友 情

我将遇到我的灵魂挚友

Happiness
幸 福

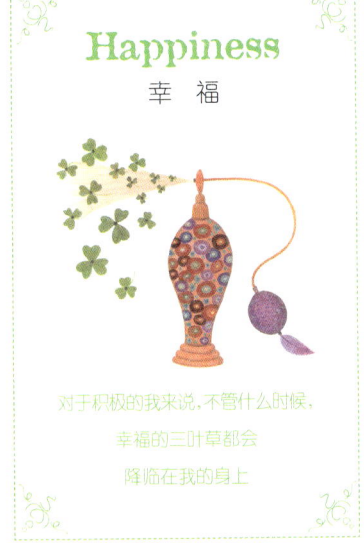

对于积极的我来说,不管什么时候,
幸福的三叶草都会
降临在我的身上

Healing
疗 愈

我的梦想一定会实现

或许我们还真是天生的一对呢,
都把见帅哥当成是一种乐趣。
我们彼此都是
对方的缘分也不一定呢?
(电视剧《欲望都市》)

临终的瞬间,
没有一个人会后悔
"我应该把更多的时间,
用在工作上"。
(彼得·德鲁克)

打磨海边石头的不是凿子、
斧子之类的工具,
而是每天都像手一样
抚摩它的海浪。
(法顶大师)

幸福犹如香水,
不往自己身上洒几滴
就很难感染别人。
(爱默生)

Intelligence
智 慧

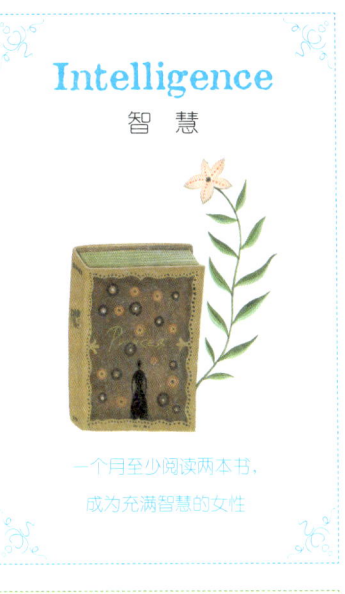

一个月至少阅读两本书,
成为充满智慧的女性

Linguistic ability
语言能力

督促自己成为精通三国以上
语言的国际女性

Love
爱 情

我将遇到生命中的另一半

Miracle
奇 迹

我不懈的努力必会给
我的人生带来奇迹

伟大的人有明确的目标，
而平凡的人只有心愿。
（华盛顿·欧文）

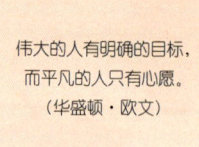

我从书架上拿走了一本书，
把它读完，
然后又把它放回去。
这时，我已经不是刚才的我了。
（安德烈·纪德）

南希患有小儿麻痹症，
10岁的时候，
不得已开始使用拐杖。
后来，听说游泳对锻炼
腿部肌肉有奇效，
她的父母就让南希去学游泳。
4年后，南希在加利福尼亚圣巴巴
拉市举行的一次游泳比赛中获得了
第三名的好成绩。19岁时，
在全国大赛中获得了第一名。
当时，罗斯福总统慈祥地问她：
"你是怎么以残疾之身
获得冠军的呢？"
"我只是一直都没有放弃罢了，
阁下。"南希自豪地说道。

我俩的任务不是走到一块儿，
正如像太阳和月亮，
或者陆地和海洋，
它们也不需要走到一块儿一样。
相互认识，并学会看出和尊重对方
的本来面目，
也即自身的反面和补充。
（赫尔曼·黑塞：
《纳尔齐斯与歌尔德蒙》）

Money
金 钱

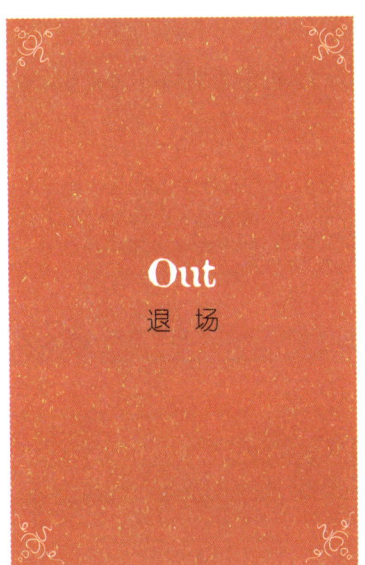

我将拥有梦想中的一切

Out
退场

Patience
韧 性

无论遇到再大的挫折也决不放弃

Power
力 量

我用行动而不是语言证明自己

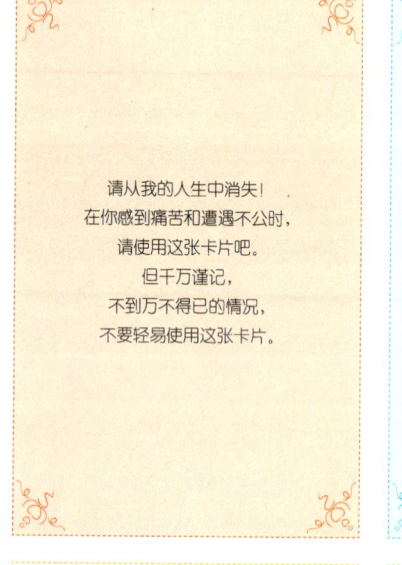

请从我的人生中消失!
在你感到痛苦和遭遇不公时,
请使用这张卡片吧。
但千万谨记,
不到万不得已的情况,
不要轻易使用这张卡片。

如果你不能支配钱,
那么,钱就会支配你。
(B. 柯林斯迪克)

你一生中最有成就感的事情
无非是完成了别人都认为
不可能完成的事情。
(沃尔特·白芝浩)

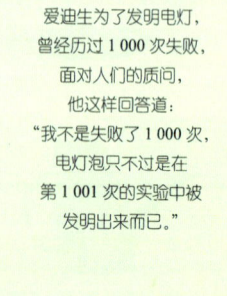

爱迪生为了发明电灯,
曾经历过 1 000 次失败,
面对人们的质问,
他这样回答道:
"我不是失败了 1 000 次,
电灯泡只不过是在
第 1 001 次的实验中被
发明出来而已。"

Present
今 天

享受抵达成功彼岸的过程

Relationship
人际关系

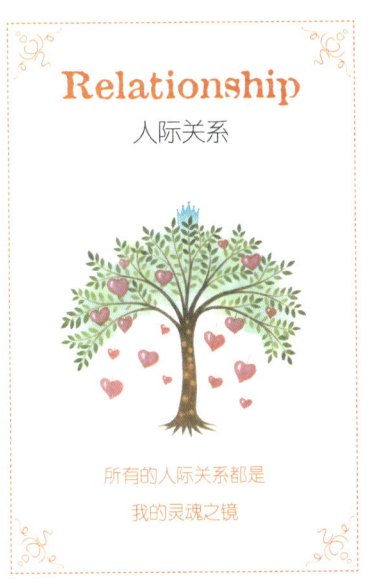

所有的人际关系都是
我的灵魂之镜

Self Conquest
自我征服

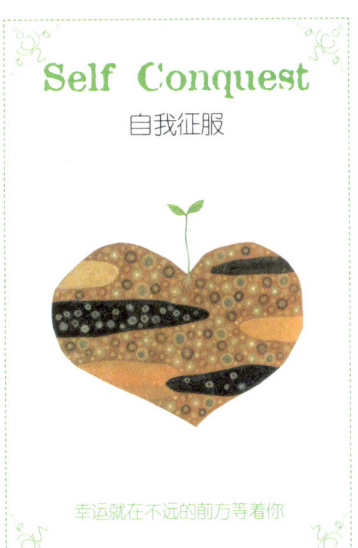

幸运就在不远的前方等着你

Self Improvement
自我改进

昨日的我一去不复返，
明天的我将更加辉煌

现在，社会上最严重的疾病
不是麻风病，也不是结核，
而是人们之间的漠不关心。
身体上的疾病可以用药物来治疗，
而治疗孤独或抑郁症的
良药就只有爱。
（特蕾莎修女）

似乎大部分人都认为，
人生就是一场竞赛，
所以只会为了尽快到达目的地而疲
于奔命，根本无暇留意路途中那些
美好的景色。
然而，在竞赛快要结束的时候，
他们才恍然大悟，之前所做的竟是
一些毫无意义的事情，
而自己却已经老了。
（琴·韦伯斯特：《长腿叔叔》）

我们都是一家名为"我"的
企业的董事长。
想要在现在的商界中生存下去，
最重要的事情
就是成为"我"这个品牌的
总负责人。
（汤姆·彼得斯）

如果一个人不能做到
长时间地忘记彼岸，
那么，他将永远不可能发现
新的大陆。
（安德烈·纪德）

Separation
离别

不要被别人的价值观和
衡量尺度动摇

Success
成功

积极挑战和学习新事物

Talent
才能

我拥有某种特殊的能力，
而且能成功地发挥其作用

Think
思考

为了提升地位,
千万不要心疼自己的财产。
年轻人应当做的事情
不是如何攒钱,而是如何运用它,
为自己在将来成为有用的人而
得到知识和参加训练。
不要总想着把钱放在银行里,
除了微薄的利息外,
存在银行的钱不能给你其他
什么东西。所以,
请大胆地去用自己的钱吧,
为了你的发展千万不要心疼花钱。
(亨利·福特)

分开时候的寒冷和
拥抱在一起时被刺中的疼痛
不断地反复着,
最后我们学会了适当地
保持距离。
(叔本华)

请填上你能想到的
魔法咒语吧,
你恳切的期望和
美好的愿望终会让幸福的
奇迹降临在你的身上。

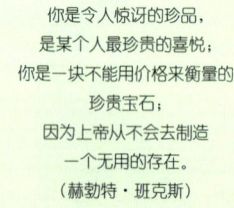

你是令人惊讶的珍品,
是某个人最珍贵的喜悦;
你是一块不能用价格来衡量的
珍贵宝石;
因为上帝从不会去制造
一个无用的存在。
(赫勒特·班克斯)

《一辈子当公主：跟着心灵去旅行》读者评论清新来袭

豆瓣网

我的生活我做主　不夜影城

在《一辈子当公主》中，作者的观点我非常欣赏：旅行是经历的开始，也是改变的开始。换句话说，改变自己的思维方式，转变成美好健康的心态，以此来经历人生是心灵得到幸福的开始……可以说，这本书教给我们的就是：我的生活我做主……

做自己的屠龙勇士　洪太阳

阿内斯用一只优雅的猫给网在自己无趣生活中乏味的女人发出了一份来自外面灵动、自由、清新世界的邀请；对于成为贵族公主而言，没有来不及的事情，也没有做不到的事情。

揣着它，就觉得自己是公主　嘟嘟 Doodo

各种美好和温暖洋溢在书里的每个角落。与其说这是一本励志童话书，不如说是作者给我们的旅行指南，地图上不但有海风，有阳光，有脚印，有露珠，更有大片的感动与好心情……

跟着心灵去旅行　未绽放的水仙

看完这本书后，我更加坚定了自己为梦想活着的决心，物质不是生活的全部，我需要用行动来实现梦想，一个人拉着行李走在他乡，洗涤自己的心灵。

每个女孩子都可以"一辈子当公主"　christina

  这本书让我有了一次很愉快的心灵之旅,让我甘之如饴。不能说人生方向豁然开朗,但是我却知道原来每个女孩子都可以成为"公主",而且都可以"一辈子当公主"。

当当网

很喜欢　些许年华

  真的太喜欢这本书了,纸质很好,内容很棒,插画很美。

积极向上的心灵书　rgbjyt

  图书馆无意中借到的,看了以后就买了一本,很好的心灵书……很积极向上。

袖珍,可爱,随身携带方便　得很0

  各地的旅行,各种的名言,教会你最正确的旅程与状态。

心灵美书　猪宝兔妈

  一本让人心怀美好的书!第一次是在厦门旅游时在厦大门口那家很有名的书店里看到的,当看到精美的封面、读了满口留香的文章后就想纳入囊中,不过鉴于担心上飞机带的东西超重,于是把看中的书都记了下来,回到家后到当当网上一一收下,呵呵!省啦!

超棒　佚名

  看了书之后感觉,这才是一个女孩该有的人生,不需要多富有,但却可以品味大千世界!生活是用来享受和领悟学习的!

卓越网

公主生活的向往　maggicplay

一开始看时真的很感动。很多原始的梦想都被激活了。如果能按书上那样活着,真的是优雅充实又幸福。这本书很适合个人旅游的时候看。随身携带并利用空余时间看,应该收获更多。不要一口气读完。~~或者送给好朋友吖,相信这是份很不错的礼物。

很精致的一本小书　happy830510

很精致的一本小书。关于环游世界,关于内心世界,关于如何关爱自己,如何保持好心情。每个人都有一个环游世界的梦想,我也不例外。读完之后,很有一种冲动,背起背包去旅行。浪漫每个人都有,关键是能不能实现。一辈子拥有随时旅行的浪漫,也就能一辈子当公主。

好爆了　草杏小龟

漫画与书的结合非常好。同时小巧的设计让我觉得这真的是一本便于携带的书啊~~旅行必备。赞一个。

快乐的生活　王聪

非常喜欢它的封面和装帧设计。小小的一本书,拿在手里阅读十分享受,内容也给忙碌迷茫中的我一些启迪,是有关旅行的一本书。不只适合女性,也适合男性。

倍受鼓舞,一见倾心　liqingdan

轻松惬意的札记让你倍受鼓舞。自由,比什么都重要!美丽的插图,快乐的文字,让你一见倾心的书。